应用型本科院校"十二五"规划教材/电工电子类

主 编 林 春

副主编 邵雅斌

电工与电子技术实验

Experiment of electrical and electronic technology

哈爾濱工業大學出版社

内 容 简 介

本书由多年从事实践教学的教师编写,内容由浅入深,为应用型本科院校工科非电专业电工技术、电子技术、电工与电子技术、电工学课程配套使用的实验教程。

本书内容包括三部分:电工类实验,电子类实验和电工电子设计型实验。

本书可作为应用型本科院校工科非电类相关专业的电工技术、电子技术、电工与电子技术、电工学实验课和实验课程设计教材,也可供从事电子设计工作的工程技术人员参考。

图书在版编目(CIP)数据

电工与电子技术实验/林春主编. —哈尔滨:哈尔滨工业
大学出版社,2012.7(2020.8 重印)
应用型本科院校"十二五"规划教材
ISBN 978 - 7 - 5603 - 3675 - 6

Ⅰ.①电⋯　Ⅱ.①林⋯　Ⅲ.①电工技术-实验-高等
学校-教材②电子技术-实验-高等学校-教材
Ⅳ.①TM - 33②TN - 33

中国版本图书馆 CIP 数据核字(2012)第 163178 号

策划编辑　赵文斌　杜燕　李岩
责任编辑　范业婷
出版发行　哈尔滨工业大学出版社
社　　　址　哈尔滨市南岗区复华四道街 10 号　邮编 150006
传　　　真　0451 - 86414749
网　　　址　http://hitpress.hit.edu.cn
印　　　刷　哈尔滨圣铂印刷有限公司
开　　　本　787mm×1092mm　1/16　印张 10.25　字数 235 千字
版　　　次　2012 年 7 月第 1 版　2020 年 8 月第 4 次印刷
书　　　号　ISBN 978 - 7 - 5603 - 3675 - 6
定　　　价　20.00 元

序

　　哈尔滨工业大学出版社策划的"应用型本科院校规划教材"即将付梓，诚可贺也。

　　该系列教材卷帙浩繁，凡百余种，涉及众多学科门类，定位准确，内容新颖，体系完整，实用性强，突出实践能力培养。不仅便于教师教学和学生学习，而且满足就业市场对应用型人才的迫切需求。

　　应用型本科院校的人才培养目标是面对现代社会生产、建设、管理、服务等一线岗位，培养能直接从事实际工作、解决具体问题、维持工作有效运行的高等应用型人才。应用型本科与研究型本科和高职高专院校在人才培养上有着明显的区别，其培养的人才特征是：①就业导向与社会需求高度吻合；②扎实的理论基础和过硬的实践能力紧密结合；③具备良好的人文素质和科学技术素质；④富于面对职业应用的创新精神。因此，应用型本科院校只有着力培养"进入角色快、业务水平高、动手能力强、综合素质好"的人才，才能在激烈的就业市场竞争中站稳脚跟。

　　目前国内应用型本科院校所采用的教材往往只是对理论性较强的本科院校教材的简单删减，针对性、应用性不够突出，因材施教的目的难以达到。因此亟须既有一定的理论深度又注重实践能力培养的系列教材，以满足应用型本科院校教学目标、培养方向和办学特色的需要。

　　哈尔滨工业大学出版社出版的"应用型本科院校规划教材"，在选题设计思路上认真贯彻教育部关于培养适应地方、区域经济和社会发展需要的"本科应用型高级专门人才"精神，根据黑龙江省委书记吉炳轩同志提出的关于加强应用型本科院校建设的意见，在应用型本科试点院校成功经验总结的基础上，特邀请黑龙江省9所知名的应用型本科院校的专家、学者联合编写。

　　本系列教材突出与办学定位、教学目标的一致性和适应性，既严格遵照学科体系的知识构成和教材编写的一般规律，又针对应用型本科人才培养目标及与之相适应的教学特点，精心设计写作体例，科学安排知识内容，围绕应用讲授理论，做到"基础知识够用、实践技能实用、专业理论管用"。同时注意适当融入新理论、新技术、新工艺、新成果，并且制作了与本书配套的 PPT 多媒体教学课件，形成立体化教材，供教师参考使用。

"应用型本科院校规划教材"的编辑出版，是适应"科教兴国"战略对复合型、应用型人才的需求，是推动相对滞后的应用型本科院校教材建设的一种有益尝试，在应用型创新人才培养方面是一件具有开创意义的工作，为应用型人才的培养提供了及时、可靠、坚实的保证。

希望本系列教材在使用过程中，通过编者、作者和读者的共同努力，厚积薄发、推陈出新、细上加细、精益求精，不断丰富、不断完善、不断创新，力争成为同类教材中的精品。

黑龙江省教育厅厅长

2010 年元月于哈尔滨

前　　言

　　电工与电子技术(电工学)是本科非电类专业一门非常重要的技术基础课,其特点是知识面宽、内容丰富,不但具有很强的理论性,而且具有很强的实践性和实用性,因此,与之相对应的电工与电子实验对掌握电工与电子技术起到重要作用。

　　本书是针对非电类专业本科生电工电子技术(电工学)实验课程教学大纲的要求而编写的教学用书。希望学生通过该课程的学习和实践,能够熟练掌握常规电子测量仪器原理和使用方法,具备基本的电子电路的测试、调试、故障排除能力。本书通过基础性实验帮助学生理解并巩固所学的理论知识,增强学生的实践动手能力;通过综合、设计性实验培养学生综合思维和创新能力,提高学生的综合素质和工程能力;同时,非常注重计算机技术在现代电子设计中的运用。最终目的是培养学生具备电子电路和系统的分析、综合、设计能力,同时形成严谨、科学的实验态度,具有独立思考、分析问题、解决问题的能力,具有一定的创新能力。

　　本书根据应用型本科人才培养目标,力求做到因材施教、循序渐进,并注重能力的培养,每个实验项目体现了由浅到深、由易到难的训练思想;着眼于学生实践能力与创新能力的培养,把仿真技术的应用贯穿于实验中,实现了硬件和软件的有机结合,为学生进行研究开发性实验奠定了基础。

　　本书共分4章及绪论,绪论介绍了实验课的教学目的、意义、要求和管理规定,以及电量测量与数据处理。第1章介绍常用电子仪器仪表的使用,会正确使用常用电子仪器是基础实验的基本要求。重点培养学生熟练使用示波器、毫伏表、万用表;第2章和第3章分别介绍电工技术和电子技术的基本实验,共有17个实验题目,包括验证型实验、设计型实验和仿真实验;第4章电子电路综合设计,共有4个实验题目。这些实验主要是为了培养读者创新能力而设计的。

本书由林春担任主编,邵雅斌任副主编,李强、陈晨和廉玉欣参编。其中林春编写绪论、第3章、附录A;邵雅斌编写第2章;李强编写附录B;陈晨编写第1章;廉玉欣编写第4章,全书由林春统稿、定稿。

哈尔滨工业大学电工电子实验教学示范中心的老师,对教材编写提供了无私的帮助。书中汲取了哈尔滨工业大学电工电子国家级实验教学示范中心全体老师的许多实验教学经验。无论是实验题的确定,还是实验内容深浅的把握,这些老师都提供出了宝贵意见,在他们的帮助下,我们完成了本书的编写工作,在此,向他们表示由衷的感谢。

由于编者水平有限,书中一定存在疏漏和不足,敬请读者不吝指正。

编　　者

2012 年 5 月

目　　录

绪　　论

0.1　实验课的教学目的和意义

电工与电子是一门实践性很强的课程,所以实验环节非常重要,它是理论联系实际的重要手段。实验的目的不仅要帮助学生巩固和加深理解理论知识,还要训练和培养学生的实验技能,培养学生分析和解决实际问题的能力,培养学生的独立思考能力和创新能力。

通过实验课的学习,要达到以下目的:

(1) 能正确地选择和使用常用的电工仪表、电子仪器和电工设备(如示波器、信号源、直流稳压电源、万用表、电流表、电压表、功率表等);

(2) 能够比较熟练地进行一些不太复杂的电工电子电路的连线、调试及其测试;

(3) 能够发现和处理一些不太复杂的电子电路故障;

(4) 能应用已学的理论知识设计简单的应用电路,并通过实验验证所设计的电路。

0.2　电工电子实验课要求

为了更好地开展实验教学,提高实验效果和质量,确保实验顺利完成,提出以下几方面的要求。

1. 实验课前的预习要求

学生必须认真预习实验内容和仪器使用方法,并填写实验报告中实验目的和实验原理。阅读实验教材,熟悉实验步聚,估算测试数据和实验结果。

2. 实验过程中的要求

(1) 学生应该在规定的时间内完成实验项目,避免迟到、早退和大声喧哗。

(2) 学生一旦确定实验台的位置后,不能互串位置和仪器。发现物品缺损或有故障等情况,及时通知指导实验的教师。

(3) 实验前,对照实验指导书熟悉实验设备和器材。

(4) 听教师讲解后,连接实验电路。连接实验电路必须在断开电源开关的情况下进行,连线完毕后,要认真复查,检查无误后,才能接通电源进行实验。

（5）实验操作过程中，要按照实验报告中实验步骤独立操作，在测量数据之前，要选好仪表的量程，认真记录实验数据和波形，与预习中的理论分析比较，判断实验结果是否合理。

（6）实验过程中发生设备故障、操作事故及出现异常情况时应及时切断电源，保持现场，并向实验指导教师报告。

（7）实验结束后收拾好实验台上的仪器设备，按照实验前的摆放位置摆放好。将原始记录交指导教师审阅后签字，教师检查确认实验台上仪器摆放合格后，方可离开。

3. 写实验报告要求

实验后的主要工作是写出完整的实验报告，对整个实验过程进行全面总结。实验报告要求如下：

（1）认真写实验报告，字迹清晰，保持实验报告的平整，不要乱叠。

（2）实验报告内容完整，其中包括实验目的、实验仪表、实验内容中的各种表格、数据和波形，最后还要回答思考题。

（3）不得抄袭他人的实验报告，一经发现，取消该实验项目的实验成绩。

（4）交实验报告。每个实验项目结束后的一个星期内，由学习委员收齐实验报告交到电工电子教研室。

0.3 电工电子实验课程管理规定

1. 实验课成绩计算办法

实验总成绩由每个实验的操作成绩和报告成绩加权运算得出。

2. 出勤要求

（1）无故缺席实验，记为旷课一次，本学期实验课程如有两次旷课记录，则本学期该实验课程无成绩，需下个学年重修。

（2）如因病假、事假导致实验未能按照预约时间完成，则需要出示相应证明，病假要有医院诊断书，事假要有学部一级的证明，补做实验等相关事宜需要听从实验室人员的安排。如因病假或事假导致连续 2 次未能按时完成实验课程，该实验课程则需要重修。

（3）学生遵守实验课的时间。如果迟到 10 分钟以内，当次实验操作成绩减半，迟到 10 分钟以上（含 10 分钟），当次实验操作成绩按 0 分计。

0.4 电量测量与数据处理

0.4.1 电量的测量

测量分为直接测量和间接测量两种方法。凡是使用测量仪器能直接得出结果的测量都是直接测量，如电路实验中用电流表或电压表来测量电路的电流和电压，用示波器测量电路波形等；而间接测量是要先直接测量一些相关的量，然后通过这些量之间的内在关系经过数学运算得到测量结果。显然，直接测量是间接测量的基础，它是电路实验中的基本测量。

电工测量的任务是测定电流、电压、电功率、电阻等电工量。电工测量大多数采用直接测量法,例如,用电流表测量电流,而电子测量除了要测定电压和电流外,还要测量增益、频率特性等其他电子电路性能指标,往往采用间接测量法。在电子电路中,电压是最基本的参数之一,很多物理量都可能通过测量电压来间接得到,例如,放大电路的输出电阻,就可通过测量其开路电压和负载电流得到。

1. 电工基本电量的测量

(1) 电压的测量

通常测量直流电压采用磁电系电压表,而测量交流电压采用电磁电压表。也可以用万用表来测量。但注意不能用万用表测量非正弦电压,也不能测量超出其频率范围的交流电压,否则都会产生较大的误差。

测量电压时,电压表与被测电路并联,注意直流电压表的"+"、"－"端钮一定要和被测电压的"+"、"－"极性对应相接,不能接反。

(2) 电流的测量

通常测量直流电流、交流电流可分别采用直流电流表和交流电流表,也可以用万用表测量。测量电流时,电流表应串联在被测电路中。若是直流电流表还要注意其"+"、"－"极性,应保证电路的电流从电流表标有"+"极性的端钮流入。

2. 电子基本电量的测量

(1) 直流电压的测量

用万用表的直流电压挡(DCV)或示波器可测直流电压。用示波器测量直流电压的方法如下:

① 选择零电平参考基准线。将 Y 轴输入耦合方式开关置"GND",调节 Y 轴位移旋钮,使扫描线对准屏幕某一条水平线,则该水平线为零电平参考基准线。

② 再将耦合方式开关置"DC"位置,灵敏度微调旋钮置"校准"位置,测出偏移格数。

③ 接入被测直流电压,调节灵敏度旋钮,使扫描线处于适当高度位置。

④ 读取扫描线在 Y 轴方向偏移零电平参考基准线的格数,则被测直流电压为

$$V = 偏移格数 * (V/\mathrm{div})$$

(2) 交流电压的测量

可用万用表的交流电压挡(ACV)测交流电压。

晶体管毫伏表是测量交流电压的一种常用仪器。与万用表相比,它的输入阻抗高、量程范围大、频率范围宽。晶体管和万用表都测正弦交流电压的有效值,若测非正弦电压,则误差很大。

用示波器测量交流电压,操作步骤与上述测直流电压时只有一个不同,就是测量时应将输入耦合置 AC 交流挡。

(3) 时间和频率的测量

时间测量包括周期性信号的周期、脉冲信号的宽度、时间间隔、上升时间、下降时间等。一般用示波器进行时间测量。

通过测量物理量的周期来测量频率。一般实验室中,采用示波器测量。

(4) 电压增益及频率特性的测量

① 电压增益的测量。增益是网络传输特性的重要参数。电压增益 $\dot{A}_u$ 定义为输出电压 $\dot{U}_o$ 与输入电压 $\dot{U}_i$ 的比值,即

$$\dot{A}_u = \frac{\dot{U}_o}{\dot{U}_i}$$

分别测量出输出电压和输入电压的大小,即可计算出电压增益 $\dot{A}_u$。

② 频率特性的测量。放大电路的典型幅频特性曲线如图0.1所示,该曲线大致分为三个区域:在中频区,增益 $|A_u|$ 基本不变(与频率几乎无关),其值用 $|A_{um}|$ 表示。 在高频区,增益 $|A_u|$ 随频率的升高而下降。在低频区,电压增益随频率的下降而下降。

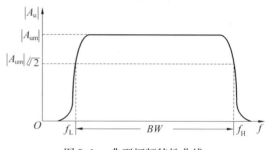

图 0.1　典型幅频特性曲线

当电压增益下降到 $|A_{um}|/\sqrt{2}$ 时,对应的频率分别称为上限截止频率和下限截止频率,分别用 f_H 和 f_L 表示。f_H 与 f_L 之间的频率范围称为通频带,通常用 BW 表示:

$$BW = f_H - f_L$$

一般 $f_H \gg f_L$,所以 $BW \approx f_H$。

测量幅频特性曲线的常用方法有逐点法。

将信号源加至被测电路的输入端,保持输入电压幅度不变,改变信号的频率,用示波器或毫伏表等仪器测量电路的输出电压。将所测各频率点的电压增益绘制成曲线,即为被测电路电压增益的幅频特性曲线。为了节省时间而又能准确地描绘出测试曲线,在中频区,曲线平滑的地方可以少测几点,而在曲线变化较大的地方应多测几点。

0.4.2　数据的处理

测量的结果一般用数字或曲线图表示,测量结果的处理就是要对实验中所测得的数据进行分析,以便得出正确的结论。

1. 测量结果的数字处理

在记录原始数据时应保持相同的有效位数,实验后整理实验数据时,重新统一有效数据位,将多余位舍去,不足位补齐。

2. 测量结果的记录有列表法和曲线法

列表法是将测量结果以表格的形式记录下来,这一方法适用于原始数据的记录和处理,易于寻找规律。

曲线法是用坐标曲线的形式表示测量结果的一种方法,比较直观形象,能够显示出数据的最大值、最小值、转折点、周期性等。

用曲线来表示电路的某种特性时,要特别注意坐标系的完备性,即标明坐标轴的方向、原点、刻度、变量和单位等反应曲线性质的相关信息。

第 **1** 章

常用电子仪器仪表的使用

1.1 C65 直流电流表

C65 直流电流表的面板如图 1.1 所示。

1. 面板介绍

① 仪表负极接线柱：下方有负号，为直流毫安表的负极。

② 量程选择接线柱：三个接线柱分别为 50 mA,100 mA,200 mA 量程选择端，测量时，根据需要选择某一量程端作为直流毫安表的正极，将仪表串联在电路中。

③ 表盘：显示测得的电流值，表盘刻度被均匀地分为 100 个分格，所选量程端标明的数值为满量程状态下所代表的电流数值，再除以 100 就是每个分度所代表的数值。例如选择 100 mA 量程，满刻度所代表的电流值

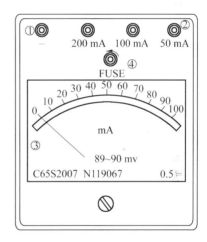

图 1.1 C65 直流电流表

为 100 mA,每个分度代表 1 mA,将这个数值乘以偏转格数，即为电流表所测得的电流值。

④ 熔断器座：放置 0.5 A 保险丝管,对电流表线圈起保护作用,防止电流过大烧毁电流表。

2. 使用说明

① 仪表应水平放置,并尽可能远离大电流导线及强磁性物质。

② 测量前用调零器将指针准确地调至标尺零位上。

③ 接入仪表前应切断电源,按被测量选用相应的量程,将仪表可靠地接入线路中。

④ 仪表接线应当正确,牢固。

3. 注意事项

① 测量前检查绝缘是否良好,避免电击。

② 测量时不得输入超出规定量程的电流,防止电击或损坏仪表。

③ 电流表使用时应串联在电路中,电路中应有保护电阻。

④ 注意正负极的选取。

1.2　L7/5 交流电流表

L7/5 交流电流表的面板如图 1.2 所示。

1. 面板介绍

① 公共端:标有 * 的为公共端。

② 量程选择端:共有 50 mA、100 mA、200 mA、400 mA 四个量程选择。

③ 表盘:显示被测交流电流值。表盘刻度被均匀地分为 100 个分格,所选量程端标明的数值为满量程状态下所代表的电流数值,再除以 100 就是每个分度所代表的数值。例如选择 100 mA 量程,满刻度所代表的电流值为 100 mA,每个分度代表 1 mA,将这个数值乘以偏转格数,即为电流表所测得的电流值。

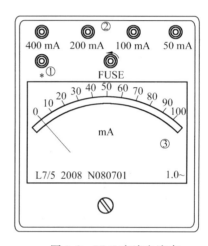

图 1.2　L7/5 交流电流表

④ 熔断器座:放置 0.5 A 保险丝管,对电流表线圈起保护作用,防止电流过大烧毁电流表。

2. 使用说明

① 仪表应水平放置,并尽可能远离大电流导线及强磁性物质。

② 测量前用调零器将指针准确地调至标尺零位上。

③ 接入仪表前应切断电源,按被测量选用相应的量程,将仪表接入线路中。

④ 仪表接线应当正确,牢固。

3. 注意事项

① 测量前检查绝缘是否良好,避免电击。

② 测量时不得输入超出规定的极限值,防止电击或损坏仪表。

③ 仪表应水平放置,并尽可能远离大电流导线及强磁性物质。

④ 接入仪表前应切断电源,按被测量选用相应的量程,将仪表接入线路中。

⑤ 仪表接线应当正确,牢固。

⑥ 仪表应串联在电路中,接线时不分正负极。

1.3　D51 - W 功率表

D51 - W 功率表的面板如图 1.3 所示。

1. 面板介绍

① 电压量程选择,共有四个量程选择,分别为 48 V,120 V,240 V,480 V,其中分别有正向负向两种选择,如果测量时指针反偏,则应选择另一极性。

② 电流量程选择:共有两个量程选择,分别为 0.25 A,0.5 A。

③ 电压线圈公共端接线柱:通常情况下,应与电流线圈公共端短接在一起。

④ 电压线圈接线柱:电压线圈应并联接入被测电路。

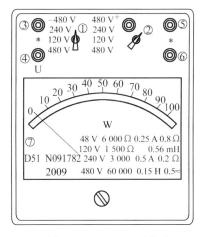

图 1.3　D51 - W 功率表

⑤ 电流线圈公共端接线柱:通常情况下,应与电压线圈公共端短接在一起。

⑥ 电流线圈接线柱:电流线圈应串联接入被测电路。

⑦ 表盘:读出功率数值。

⑧ 保险管座:里面放置保险管。

2. 使用说明

① 正确选择功率表的量程

选择功率表的量程就是选择功率表中的电流量程和电压量程。使用时应使功率表中的电流量程不小于负载电流,电压量程不低于负载电压,而不能仅从功率量程来考虑。

例如,两只功率表,量程分别是 1 A、300 V 和 2 A、150 V,由计算可知其功率量程均为 300 W,如果要测量一负载电压为 220 V、电流为 1 A 的负载功率时应选用 1 A、300 V 的功率表,而 2 A、150 V 的功率表虽功率量程也大于负载功率,但是由于负载电压高于功率表所能承受的电压 150 V,故不能使用。所以,在测量功率前要根据负载的额定电压和额定电流来选择功率表的量程。

② 连接测量线路

电动系测量机构的转动力矩方向和两线圈中的电流方向有关,为了防止电动系功率表的指针反偏,接线时功率表电流线圈标有"＊"号的端钮必须接到电源的正极,而电流线圈的另一端则与负载相连,电流线圈以串联形式接入电路中。功率表电压线圈标有"＊"号的端钮可以接到电源端钮的任一端上,而另一电压端钮则跨接到负载的另一端。

③ 正确读数

功率表一般为多量程式,在表的标度尺上不直接标注示数,只标注分格。选用不同的电流与电压量程时,每一分格都可以表示不同的功率数。在读数时,应先根据所选的电压

量程 U、电流量程 I 以及标度尺满量程时的格数,求出每格功率数(又称功率表常数)C,然后再乘上指针偏转的格数,就可得到所测功率 P。

3. 注意事项

① 功率表在使用过程中应水平放置。

② 仪表指针不在零位时,可利用面板上零位调节器调整。

③ 电流线圈应串联在电路当中,否则容易烧毁仪表。

④ 测量时,应将电压线圈的公共端与电流线圈的公共端短接。

⑤ 如遇指针反偏的情况,应改变功率表面板上的正负换向开关极性,不可互换电压接线。

⑥ 功率表在使用过程中很有可能出现电压及电流值均没有超过量程,而功率表指针已经满偏的情况,也可能出现功率表指针没有满偏,而电压或电流值却已经超出量程的情况,这两种情况都可能会烧毁功率表,因此,需同时接入电压表和电流表进行监控。

1.4 直流电源

1.4.1 HY1770 直流恒流电源

HY1770 直流恒流电源的面板如图 1.4 所示。

1. 面板介绍

① 恒流电源输出电流的单位:mA。

② 数字显示屏:显示输出电流值。

③ 恒流电源输出电流粗调旋钮:大范围调节恒流电源输出电流值。

④ 恒流电源输出电流细调旋钮:小范围调节恒流电源输出电流值。

⑤ 电源开关:当此电源开关被置于"ON"(▄ 位置)时,机器处于"开"状态,反之,处于"关"状态(▄ 位置)。

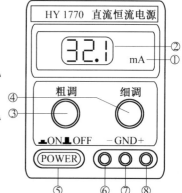

图 1.4 HY1770 直流恒流电源

⑥ 恒流电源输出负接线柱:输出电流的负极。

⑦ 恒流电源机壳接地端:起屏蔽保护作用。

⑧ 恒流电源输出正接线柱:输出电流的正极,恒流电源电流的流出端。

2. 使用说明

HY1770 直流恒流电源通常称为直流电流源,能够提供恒定的电流。

面板中央的两个旋钮③和④,是用来调节输出电流大小的旋钮,旋钮④是粗调旋钮,用于大范围调节恒流电源输出电流值,旋钮③是细调旋钮,用于小范围调节恒流电源输出电流值,顺时针旋转是增大输出电流,最大输出电流为 100 mA,最大输出电压为 70 V。②为恒流电源的显示屏,用来显示恒流电源输出的电流数值,①为恒流电源输出电流的单位。图中显示的恒流电源的输出电流为 32.1 mA。

假设要求恒流电源输出30 mA电流,首先应关闭恒流电源,然后再把恒流电源接入电路,调节粗调旋钮,当输出电流临近需要的值时,改调细调旋钮,直到调到需要的数值30 mA为止。

3.注意事项

① 由于电流源的内阻非常大,为安全起见,电流源在不使用时,不要开路放置,应关闭电源或短路放置。

② 在改接电路时,应关闭电源。

1.4.2　HY1711 – 3S双路直流稳定电源

HY1711 – 3S双路直流稳定电源的面板如图1.5所示。

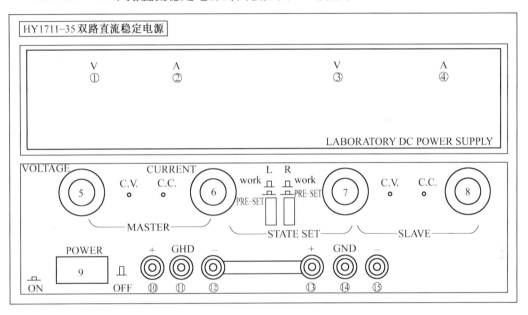

图1.5　HY1711 – 3S双路直流稳定电源

1.面板介绍

下面介绍的是面板上的数字所代表的作用。

① 数字表:指示主路输出电压值。

② 数字表:指示主路输出电流值。

③ 数字表:指示从路输出电压值。

④ 数字表:指示从路输出电流值。

⑤ 主路稳压输出电压调节旋钮:调节主路输出电压值。

⑥ 主路稳流输出电流调节旋钮:调节主路输出电流值。

⑦ 从路稳压输出电压调节旋钮:调节从路输出电压值。

⑧ 从路稳流输出电流调节旋钮:调节从路输出电流值。

⑨ 电源开关:"ON"开,"OFF"关。

⑩ 主路直流输出正接线柱:输出电压的正极,接负载正端。

⑪ 主路机壳接地端:机壳接大地。

⑫ 主路直流输出负接线柱:输出电压的负极,接负载负端。

⑬ 从路直流输出正接线柱:输出电压的正极,接负载正端。

⑭ 从路机壳接地端:机壳接大地。

⑮ 从路直流输出负接线柱:输出电压的负极,接负载负端。

2. 使用方法

双路可调电源独立使用。

① 将开关均置于按下位置。

② 可调电源作为稳压源使用时,首先应将稳流调节旋钮⑥和⑧顺时针调节到最大,然后打开电源开关⑨,并调节电压调节旋钮⑤和⑦,使从路和主路输出电压至需要的电压值。

③ 可调电源作为稳流源使用时,在开电源开关⑨后,先将稳压调节旋钮⑤和⑦顺时针调节到最大,同时将稳流调节旋钮⑥和⑧逆时针调节到最小,然后接上所需负载,再顺时针调节稳流调节旋钮⑥和⑧,使输出电流至所需要的稳定电流值。

④ 只带一路负载时,为延长机器的使用寿命,请使用在主路电源上。

3. 注意事项

① 使用过程中应先将电压调节旋钮顺时针旋转到底,保证输出电压由小到大调节。

② 电路连接完毕应检查电路是否正确,防止短路情况发生。

1.5 SG1020P 函数信号发生器

SG1020P 函数信号发生器面板示意图如图 1.6 所示。

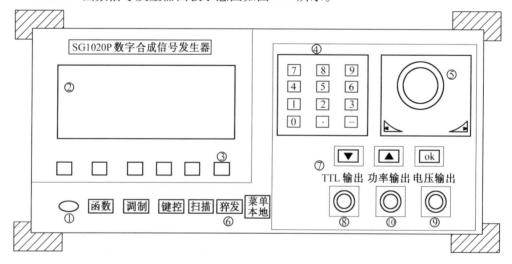

图 1.6　SG1020P 函数信号发生器面板

1. 面板介绍

面板上各部件的名称及功能说明如下:

① 电源开关:当此电源开关处于"ON"时,机器打开。

② 显示窗:显示各种输出信号的状态参数。

③ 软键:对应指示各项功能参数。

④ 数字键:可直接输入数值。

⑤ 调节旋钮:可手动调节数值。

⑥ 主功能键:可调节信号源各项功能。

⑦ 方向／确认键:可调节光标显示位置及确认。

⑧ TTL 输出。

⑨ 电压(波形)输出。

⑩ 功率输出。

2. 使用说明

函数信号发生器是用来产生信号源的仪器,可以产生正弦波、三角波、方波等信号,输出的信号(频率和幅度)均可调节,可根据被测电路的要求选择输出波形。

(1)设置输出函数

① 连接电源。接上电源,并打开信号源电源按钮,自检通过后,信号源将输出频率为 1 kHz,电压为 $2V_{p-p}$ 的正弦信号。

```
功能:[键] 波形:⌒ 幅度:10.00Vpp
频率:1.000000 kHz   直流:0 mVdc
                    ENG 接口 系统
```
图1.7　自动显示索引菜单

② 自动显示索引菜单如图1.7所示。仪器初始化成功后,进入索引菜单。

③ 进入【函数】主功能。通过按下主功能键[函数],可以进入【函数】主功能模式下(出厂默认设置)。这时,显示器显示:[函数][频率][幅度][偏置]。[函数][频率][幅度][偏置][相位]表示当前功能软键,可以按下相应的软键来进入相应的功能设定。[正弦]表示当前输出函数为正弦波,可以通过方向键和旋钮两种方式重新选择输出函数。

选择波形完成后,信号源对所选择的设置立即生效。而不需要其他的确认操作。

(2)设置输出频率

① 屏幕显示介绍。选定好输出函数后,可以按下[频率]软键,进入频率设定状态。屏幕显示如图1.8所示。图中,① 为当前位置光标,可以在整个数字区域移动;② 为当前频率显示;③ 为单位显示。注意,根据频率量的不同,系统会自动调节当前频率单位。规则如下:[频率]软键反白显示,表示"频率"设定为当前激活状态。其他软键正常显示表示为非

图1.8　频率调节显示界面

激活状态。可以按下相对应的按键使其激活。

②频率值调节。频率值调节有两种方法,分别如下:

a. 通过◁和▷两个按键调节光标位置。然后可以通过⇧、⇩或者○对当前光标指示的数字进行"+1"或"-1"操作。

b. 通过按下小键盘(见图1.9)进行数字输入。按下任意一个数字后,进入数字输入状态,这时,屏幕会出现数字输入对话框,并且软键变为单位项。例如连续按下①、·和②后,屏幕显示如图1.10所示。

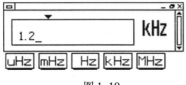

这时,可以通过按下软键 uHz mHz Hz kHz MHz 所对应的单位,进行输入,或者通过按下 OK 键进行当前单位量的输入。按下 kHz 后,屏幕显示如图1.11所示。

图1.9 小键盘

图1.10   图1.11

(3)设置输出幅度

①屏幕显示介绍。选定好输出函数及频率后,可以按下 幅度 软键,则进入幅度设定状态。屏幕显示如图1.12所示。图中,①为当前位置光标,可以在整个数字区域移动;②为当前幅度显示;③为单位显示。注意,根据幅度量的不同,系统会自动调节当前幅度单位。规则如下: 幅度 软键反白显示,表示"幅度"设定为当前激活状态。其他软键正常显示表示为非激活状态。可以按下相对应的按键使其激活。

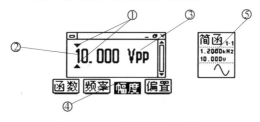

图1.12 幅度调节显示界面

②幅度值调节。幅度值调节有两种方法,分别如下:

a. 通过◁和▷两个按键调节光标位置。然后可以通过⇧、⇩或者○对当前光标指示的数字进行"+1"或"-1"操作。

b. 通过按下小键盘(见图1.9)进行数字输入。按下任意一个数字后,进入数字输入状态,这时,屏幕会出现数字输入对话框,并且软键变为单位项。例如连续按下①、⓪、·和⑧后,屏幕显示如图1.13所示。

这时,可以通过按下软键 mV、Vpp 所对应的单位,进行单位化量的输入,或者通过按下 Vpp 键进行当前单位量的输入。按下 Vpp 后,屏幕显示如图1.14所示。

图 1.13　　　　　　　　　　　　　　　　图 1.14

到此完成了幅度量的设定,不管通过哪种方法设定,信号源会在设定结束后立即生效,除非设定的幅度量超出信号源的范围。

（4）设置输出偏置

① 屏幕显示介绍。选定好输出函数并设定好输出频率、幅度后,可以按下 偏置 软键,则进入偏置设定状态。屏幕显示如图 1.15 所示。图中,① 为当前位置光标,可以在整个数字区域移动;② 为当前偏置显示;③ 为单位显示。注意,根据偏置量的不同,系统会自动调节当前偏置单位。规则如下: 偏置 软键反白显示,表示"偏置"设定为当前激活状态。其他软键正常显示表示为非激活状态。可以按下相对应的按键使其激活;⑤ 为当前主要参数索引。

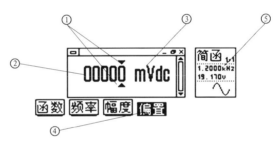

图 1.15　偏置调节显示界面

② 偏置值调节。偏置值调节同样有两种方法,分别如下:

a. 通过 ◁ 和 ▷ 两个按键调节光标位置。然后可以通过 ⇧、⇩ 或者 ◯ 对当前光标指示的数字进行"+1"或"−1"操作。

b. 通过按下小键盘（见图 1.9）进行数字输入。按下任意一个数字后,进入数字输入状态,这时,屏幕会出现数字输入对话框,并且软键变为单位项。例如连续按下 −、0、· 和 8 后,屏幕显示如图 1.16 所示。

这时,可以通过按下软键 mV.、Vpp 所对应的单位,进行单位化量的输入,或者通过按下 OK 键进行当前单位量的输入。按下 Vdc 后,屏幕显示如图 1.17 所示。

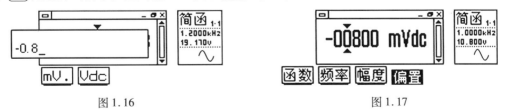

图 1.16　　　　　　　　　　　　　　　　图 1.17

3. 注意事项

① 输出端的探头或夹子切不可直接接至正、负电源,否则会损坏信号源的输出级。

②输出端的探头或夹子切不可直接相连,否则短路。

③本仪器同时只能启用一种调制,并且调制和扫描、猝发(脉冲串)均不能同时启用。如果启用这其中一个功能,本仪器将自动关闭其他正在启用的功能。

1.6 示波器

1.6.1 GOS-620 示波器

双踪示波器 GOS-620 面板示意图如图 1.18 所示。

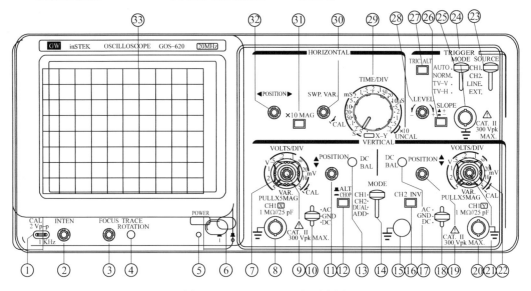

图 1.18 GOS-620 面板示意图

1.面板介绍

GOS-620 面板介绍见表 1.1。

表 1.1 GOS-620 面板介绍

序号	控制件名称	控制件作用
②	INTEN	轨迹及光点亮度控制钮
③	FOCUS	轨迹聚焦调整钮
④	TRACE ROTATION	使水平轨迹与刻度线成平行的调整钮
⑤		电源指示灯
⑥	POWER	电源主开关,按下此钮可接通电源,电源指示灯⑤会发亮;再按一次,开关凸起时,则切断电源
㉝	FILTER	滤光镜片,可使波形易于观察
⑦㉒	VERTICAL	垂直衰减选择钮,以此钮选择 CH1 及 CH2 的输入信号衰减幅度,范围为 5 mV/div、5 V/div,共 10 挡

续表 1.1

序号	控制件名称	控制件作用
⑩⑱	AC – GND – DC	输入信号耦合选择按键组
	AC	垂直输入信号电容耦合,截止直流或极低频信号输入
	GND	按下此键则隔离信号输入,并将垂直衰减器输入端接地,使之产生一个零电压参考信号
	DC	垂直输入信号直流耦合,AC 与 DC 信号一起输入放大器
⑧	CH1(X) 输入	CH1 的垂直输入端;在 X – Y 模式中,为 X 轴的信号输入端
⑨㉑	VARIABLE	灵敏度微调控制,至少可调到显示值的 1/2.5。在 CAL 位置时,灵敏度即为挡位显示值。当此旋钮拉出时(×5 MAG 状态),垂直放大器灵敏度增加 5 倍
⑳	CH2(Y) 输入	CH2 的垂直输入端;在 X – Y 模式中,为 Y 轴的信号输入端
⑪⑲	POSITION ◆	轨迹及光点的垂直位置调整钮
⑭	MODE	CH1 及 CH2 选择垂直操作模式
	CH1	设定本示波器以 CH1 单一频道方式工作
	CH2	设定本示波器以 CH2 单一频道方式工作
	DUAL	设定本示波器以 CH1 及 CH2 双频道方式工作,此时并可切换 ALT/CHOP 模式来显示两轨迹
	ADD	用以显示 CH1 及 CH2 的相加信号;当 CH2 INV 键 ⑯ 为按下状态时,即可显示 CH1 及 CH2 的相减信号
⑬⑰	CH1 & CH2 DC BAL	调整垂直直流平衡点,详细调整步骤请参照 DC BAL 的调整
⑫	ALT/CHOP	当在双轨迹模式下时,放开此键,则 CH1&CH2 以交替方式显示。(一般使用于较快速的水平扫描文件位)当在双轨迹模式下时,按下此键,则 CH1&CH2 以切割方式显示。(一般使用于较慢速的水平扫描文件位)
⑯	CH2 INV	此键按下时,CH2 的信号将会被反向。CH2 输入信号于 ADD 模式时,CH2 触发截选信号(Trigger Signal Pickoff)亦会被反向
㉖	SLOPE	触发斜率选择键。凸起时为正斜率触发,当信号正向通过触发准位时进行触发;按下时为负斜率触发,当信号负向通过触发准位时进行触发
㉕	EXT TRIG. IN	TRIG. IN 输入端子,可输入外部触发信号。欲用此端子时,须先将 SOURCE 选择器置于 EXT 位置
㉗	TRIG. ALT	触发源交替设定键,当 MODE 选择器 ⑭ 在 DUAL 或 ADD 位置,且 SOURCE 选择器置于 CH1 或 CH2 位置时,按下此键,本仪器即会自动设定 CH1 与 CH2 的输入信号以交替方式轮流作为内部触发信号源
㉓	SOURCE	内部触发源信号及外部 EXT TRIG. IN 输入信号选择器
	CH1	当 MODE 选择器 ⑭ 在 DUAL 或 ADD 位置时,以 CH1 输入端的信号作为内部触发源

续表 1.1

序号	控制件名称	控制件作用
	CH2	当 MODE 选择器 ⑭ 在 DUAL 或 ADD 位置时,以 CH2 输入端的信号作为内部触发源
	LINE	将 AC 电源线频率作为触发信号
	EXT	将 TRIG. IN 端子输入的信号作为外部触发信号源
㉕	TRIGGER MODE	触发模式选择开关
	AUTO	当没有触发信号或触发信号的频率小于 25 Hz 时,扫描会自动产生
	NORM	当没有触发信号时,扫描将处于预备状态,屏幕上不会显示任何轨迹。本功能主要用于观察 25 Hz 信号
㉘	LEVEL	触发电位调整钮,旋转此钮以同步波形电位,并设定该波形的起始点。将旋钮向"⤵"方向旋转,则触发电位会向上移;将旋钮向"↑"方向旋转,则触发电位向下移
㉙	TIME/div	扫描时间选择钮,扫描范围从 0.2 μs/div 到 0.5 μs/div 共 20 个挡位 $X-Y$:设定为 $X-Y$ 模式
㉚	SWP. VAR	扫描时间的可变控制旋钮,若按下 SWP. UNCAL 键,并旋转此控制钮,扫描时间可延长至少为指示数值的 2.5 倍;该键若未按下时,则指示数值将被校准
㉛	10 MAG	水平放大键,按下此键可将扫描波形放大 10 倍
㉜	◄POSITION►	轨迹及光点的水平位置调整钮
①	CAL($2V_{p-p}$)	此端子会输出一个 $2V_{p-p}$,1 kHz 的方波,用以校正探针及检查垂直偏向的灵敏度
⑮	GND	本示波器接地端子

2. 使用说明

下面以 CH1 为范例,介绍单频道的基本操作法。CH2 单频道的操作程序是相同的,仅需注意要改为设定 CH2 栏的旋钮及按键组。

在插上电源插头之前,请务必确认后面板上的电源电压选择器已调至适当的电压文件位。然后,依照表 1.2 顺序设定各旋钮及按键。插上电源插头,继续下列步骤:

① 按下电源开关 ⑥,并确认电源指示灯 ⑤ 亮起。约 20 s 后 CRT 显示屏上应会出现一条轨迹,若在 60 s 之后仍未有轨迹出现,请检查上列各项设定是否正确。

② 转动 INTEN② 及 FOCUS③ 钮,调整出适当的轨迹亮度及聚焦。

③ 调 CH1 POSITION 钮 ⑪ 及 TRACE ROTATION④,使轨迹与中央水平刻度线平行。

④ 将探棒连接至 CH1 输入端 ⑧,并将探棒接上 $2V_{p-p}$ 校准信号端子 ①。

⑤ 将 AC – GND – DC⑩ 置于 AC 位置。

⑥ 调整 FOCUS③ 钮,使轨迹更清晰。

⑦ 欲观察细微部分,可调整 VOLTS/div⑦ 及 TIME/div㉖ 钮,以显示更清晰的波形。

⑧ 调整 POSITION ♦⑪ 及 ◄POSITION► ㉙ 钮,以使波形与刻度线齐平,并使电压值(V_{p-p})及周期(T)易于读取。

表1.2　各旋钮及按键设定顺序

项　目		设　定	项　目		设　定
POWER	⑥	OFF 状态	SLOPE	㉓	凸起(+ 斜率)
INTEN	②	中央位置	TRIC. ALT	㉔	凸起
FOCUS	③	中央位置	TRIGGER MODE		AUTO
MODE	⑭	CH1	TIME/div	㉖	0.5 ms/div
ALT/CHOP	⑫	凸起(ALT)	SWP. VAR.	㉗	顺时针旋转到底
CH2 INV	⑯	凸起	◄POSITION►	㉙	中央位置
POSITION ♦	⑪⑲	中央位置	× 10 MAG	㉘	凸起
VOLTS/div	⑦㉒	0.5 V/div	AC – GND – DC	⑩⑱	GND
VARIABLE	⑨㉑	顺时针旋转到底	SOURCE		CH1

1.6.2　YB432B 示波器

双踪示波器 YB432B 面板示意图如图 1.19 所示。

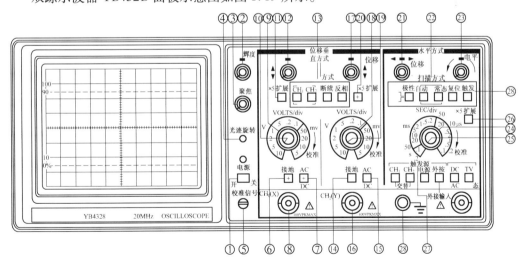

图 1.19　YB432B 示波器面板示意图

1.面板介绍

YB432B 示波器面板介绍见表 1.3。

表 1.3   2YB432B 示波器面板介绍

序号	控制件名称	控制件作用
①	电源开关(POWER)	按下此开关,电源接通指示灯亮
②	辉度(INTENSITY)	光迹亮度调节,顺时针旋转光迹增亮
③	聚焦(FOCUS)	用以调节示波管电子束的焦点使显示的光点成为细而清晰的圆点
④	光迹旋转(TRACE ROTATION)	调节光迹与水平线平行
⑤	校准信号(PROBE ADJUST)	此端口输出幅度为 0.5 V、频率为 1 kHz 的方波信号,用以校准 Y 轴偏转系数和扫描时间系数
⑥	接地	机壳地
⑦	耦合方式(AC GND DC)	机壳地通道 1 的输入耦合方式选择 AC 信号中的直流分量被隔开,用以观察信号的交流成分,DC 信号与仪器通道直接耦合。当需要观察信号的直流分量或被测信号的频率较低时,应选用此方式
⑧	通道 1 输入插座 CH1(X)	GND 输入端处于接地状态,用以确定输入端为零电位时光迹所在位置。双功能端口在常规使用时此端口作为垂直通道 1 的输入口,当仪器工作在 $X-Y$ 方式时,此端口作为水平轴信号输入口
⑨	通道 1 灵敏度选择开关(VOLTS/div)	选择垂直轴的偏转系数从 5 mV/div 到 10 V/div 分 11 个挡级,调整可根据被测信号的电压幅度选择合适的挡级
⑩	微调(VARIABLE)	用以连续调节垂直轴的偏转系数,调节范围为 2.5 倍。该旋钮顺时针旋满时,为校准位置,此时可根据 VOLTS/div 开关度盘位置和屏幕显示幅度读取该信号的电压值
⑪	通道扩展开关(PULL)	按下此开关,增益扩展 5 倍
⑫	垂直位移(POSITION)	用以调节光迹在垂直方向的位置
⑬	位移垂直方式(MODE)	选择垂直系统的工作方式 CH1:只显示 CH1 通道的信号 CH2:只显示 CH2 通道的信号 交替:用于同时观察两路信号,此时两路信号交替显示,该方式适合于在扫描速率较快时使用,断续两路信号断续工作适合于在扫描速率较慢时同时观察两路信号 叠加:用于显示两路信号相加的结果,当 CH2 极性开关被按入时,则两信号相减 CH2 反相:此按键未按入时,CH2 的信号为常态显示,按入此键时 CH2 的信号被反相
⑭	接地	机壳地
⑮	耦合方式(AC、DC)	作用于 CH2,功能同控制件 ⑦
⑯	通道 2 输入插座 CH2(Y)	垂直通道 2 的输入端口在 $X-Y$ 方式时作为 Y 轴输入端
⑰	垂直位移(POSITION)	用以调节光迹在垂直方向的位置

续表1.3

序号	控制件名称	控制件作用
⑱	通道2灵敏度选择开关	功能同⑨
⑲	微调(VARIABLE)	功能同⑩
⑳	通道2扩展×5	功能同⑪
㉑	水平位移(POSITION)	用以调节光迹在水平方向的位置
㉒	扫描方式(SWEEP MODE)	自动(AUTO):当无触发信号输入时,屏幕上显示扫描光迹;一旦有触发信号输入电路,自动转换为触发扫描状态。调节电平可使波形稳定地显示在屏幕上,此方式适合观察频率在50 Hz以上的信号 常态(NORM):无信号输入时,屏幕上无光迹显示;有信号输入时,且触发电平旋钮在合适位置上,电路被触发扫描。当被测信号频率低于50 Hz时,必须选择该方式,仪器工作在锁定状态后,无需调电平,即可使波形稳定地显示在屏幕上 单次:用于产生单次扫描,进入单次状态后按动复位键,电路工作在单次扫描方式,扫描电路处于等待状态。当触发信号输入时,扫描只产生一次,下次扫描需再次按动复位按键
㉓	电平(LEVEL)	用以调节被测信号在变化至某一电平时触发扫描
㉔	扫描速率(SEC/div)	根据被测信号的频率高低选择合适的挡级,当扫描速度微调置校准位置时,可根据度盘的位置和波形在水平轴的距离读出被测信号的时间参数
㉕	微调(VARIABLE)	用于连续调节扫描速率,调节范围为2.5倍,顺时针旋满为校准位置
㉖	扫描扩展开关(×5)	按入此按键水平速率扩展5倍
㉗	触发源 TRI(TRIGGER SOURCE)	用于选择不同的触发源 CH1:在双踪显示时,触发信号来自CH1通道;单踪显示时,触发信号则来自被显示的通道 CH2:在双踪显示时,触发信号来自CH2通道;单踪显示时,触发信号则来自被显示的通道 交替:在双踪交替显示时,触发信号交替来自于两个Y通道,此方式用于同时观察两路不相关的信号,电源触发信号来自于市电,外接触发信号来自于触发输入端口
㉘	触发指示(TRIG'D READY)	该指示灯具有两种功能指示:当仪器工作在非单次扫描方式时,该灯亮表示扫描电路工作在被触发状态;当仪器工作在单次扫描方式时,该灯亮表示扫描电路在准备状态,此时若有信号输入将产生一次扫描,指示灯随之熄灭

2. 使用说明

① 接通电源,电源指示灯亮,将各旋钮放在合适的位置,适度调节亮度、聚焦,使显示屏上显示一条清晰的扫描线。

② 将被测信号输入到 CH1(或 CH2)通道,根据需要改变面板上的控制键位置。

VERT MODE(垂直方式选择):MODE 开关置 CH1(或 CH2),只有一路被测信号从 CH1(或 CH2)输入。当需要同时观察两路信号时,"MODE"选择 DUAL。

a. TRIGGER MODE:扫描方式选择一般为"AUTO"。

b. SWP. VAR:顺时针旋转到底。

c. 调整 POSITION ⬍ 及 ◀POSITION▶ 钮使波形在屏幕的中央。

d. 调整 VOLTS/div 及 TIME/div 钮,改变屏幕上波形的大小,以显示更清晰的波形。

(1)电压测量

在测量时一般把 VOCIS/div 开关的微调装置以顺时针方向旋至满度的校准位置,这样可以按 VOLTS/div 的指示值直接计算被测信号的电压辐值。

由于被测信号一般都含有交流和直流两种成分,因此在测试时应根据下述方法操作:

① 交流电压的测量。当只需测量被测信号的交流成分时,应将 Y 轴输入耦合方式开关置 AC 位置,调节 VOLTS/div 开关,使波形在屏幕中的显示幅度适中,调节电平旋钮使波形稳定,分别调节 Y 轴和 X 轴位移,使波形显示值方便读取,如图 1.20 所示。

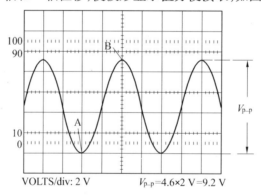

图 1.20　交流电压的测量

根据 VOLTS/div 的指示值和波形在垂直方向显示的坐标(div) 按下式读取:

$$V_{p-p} = \text{VOLTS/div} \times H(\text{div}), \quad V_{\text{有效值}} \leqslant \frac{V_{p-p}}{2\sqrt{2}}$$

② 直流电压的测量。当需测量被测信号的直流或含直流成分的电压时,应先将 Y 轴耦合方式开关置 GND 位置,调节 Y 轴移位,使扫描基线在一个合适的位置,再将耦合方式开关转换到 DC 位置,调节电平使波形同步,根据波形偏移原扫描基线的垂直距离,用上述方法读取该信号的各个电压值,如图 1.21 所示。

(2)时间测量

对某信号的周期或该信号任意两点间时间参数的测量,可首先按上述操作方法使波形获得稳定同步后,根据该信号周期或需测量的两点间在水平方向的距离乘以 SEC/div 开关的指示值获得。

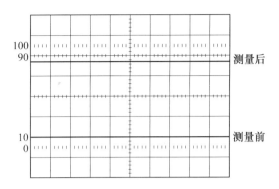

图 1.21　直流电压的测量

3. 注意事项

① 光点不要长时间停留在荧光屏的一点上,防止荧光屏过早老化。

② 测量时先接"地",后接"信号"。

③ 定量测量时一定要把"微调"旋钮置于校准位置。

1.7　DF2170C 交流毫伏表

DF2170C 交流毫伏表的面板如图 1.22 所示。

1. 面板介绍

① 电源开关:按下接通电源,指示灯亮。

② 独立、同步开关:两路测试通道,既可以作为两台独立电压表使用,也可以作为同步电压表使用。当处于 ASYN 状态时,ASYN 指示灯亮,此时毫伏表为独立作用;当处于 SYNC 状态时,SYNC 指示灯亮,此时毫伏表为同步作用。

③ 电压量程选择旋钮:旋钮可以按下,用来调节 MANU 或 AUTO 模式,当旋钮左侧指示灯 MANU 亮起时,毫伏表处于手动状态,此时不同量程由指示灯标定,可以手动调节;当旋钮右侧指示灯 AUTO 亮起时,毫伏表处于自动状态,此时不同量程由指示灯标定,量程由毫伏表自动调节。

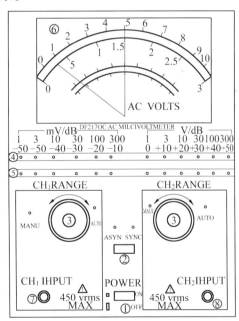

图 1.22　DF2170C 交流毫伏表面板示意图

④ 通道一量程指示。蓝颜色条状指示带,绿色指示灯亮起时对应即为量程。

⑤ 通道二量程指示。黄颜色条状指示带,绿色指示灯亮起时对应即为量程。

⑥ 表盘:具有两个指针,黑色指针指示左通道电压测量值,红色指针指示右通道电压

测量值。表盘上有 4 条刻度线,当电压量程为 1,10,100 时,读第一条刻度线读数;当电压量程数值为 3,30,300 时,读第二条刻度线读数。

若选择测量电压增益,则读取第三、四条刻度线以红色标识的 DB 值。

⑦ 通道一(CH1)连接口:将测试线连接至此接口则应用通道一测试。

⑧ 通道二(CH2)连接口:将测试线连接至此接口则应用通道二测试。

仪表背面有一个浮地、共地开关。当作为两台单独作用电压表时,将开关置于上方,FLOAT 为浮地测量状态,两路电压表的参考地与机壳三者分开。当开关置于下方 GND 时,为共地状态,此时两路电压表参考地在内部与机壳连在一起。

2. 使用说明

DF2170C 交流毫伏表是一种用来测量正弦电压有效值的电子仪表。采用两组相同而又独立的线路及双指针表头,故在同一表面同时指示两个不同交流信号的有效值,方便地进行双路交流电压的同时测量和比较,同时监视输出,它采用进口电子编码开关控制量程,LED 直观指示当前量程,具备同步 / 异步测试功能。同步测试时,CH1 测试状态和测试量程先跟随到 CH2 后,两通道量程一致并由 CH1 或 CH2 量程开关控制。

① CH1/CH2 通道选择。当选择通道一时,连接 CH1,此时观察黑色指针;当选择通道二时,连接 CH2,此时观察红色指针。

② 同步 / 异步方式。当按下面板上的同步 / 异步选择按键时,可选择同步 / 异步工作方式。"SYNC" 灯亮为同步工作方式,"ASYN" 灯亮为异步工作方式。当为异步方式工作时,CH1 和 CH2 通道相互独立控制工作;当为同步方式工作时,CH1 和 CH2 的量程由任一通道控制开关控制,使两通道具有相同的测量量程;当为同步自动方式时,两通道量程由 CH2 自动控制。

③ 手动 / 自动测量方式。按动面板上的旋钮③(即自动 AUTO 或手动 MANU 选择按键),可选择手动或自动测量方式工作,MANU 灯亮为手动测量状态,AUTO 灯亮为自动测量状态。当选择手动测量方式时请根据输入信号幅度的大小选择测量量程。先用大量程读数,再根据读数逐挡减小量程。当选择自动测量方式时,将自动根据输入信号幅度的大小选择测量量程。

当将仪器后面板上的浮地 / 接地开关置于浮地时,输入信号地与外壳处于高阻状态,当将开关置于接地时,输入信号地与外壳接通。

3. 注意事项

① 仪器应在规定的电压量程内使用,尽量避免过量程使用,以免烧坏仪器。

② 注意在额定的频率范围内测量。

③ 量程从大到小,逐挡调整。

④ 交流毫伏表仅适用于正弦交流电压有效值的测量。对于非正弦信号,需改用示波器或其他仪器进行测量。

1.8　MY61 数字万用表

MY61 数字万用表的面板如图 1.23 所示。

1.面板介绍

① 输入插座:在进行实验数据测试时,应选择正确的输入插座插入表笔,左边起第一个为 20 A 电流输入插座,第二个为小于 200 mA 电流输入插座,第三个为公共端,第四个为二极管、电压、电阻输入插座。

② 功能转换开关:用于选择测量功能。当开关处于不同挡位时可分别测量直流、交流电压,直流、交流电流,或进行晶体管放大倍数测量,二极管通断测试,电阻测量,电容测量。

③ 晶体管 hFE 测量:通过显示器上的数字可以读出 hFE 的近似值。

④ 电源开关:使用时应打开电源开关,使用完应关闭电源开关。

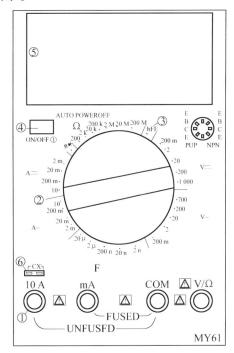

图 1.23　MY61 数字万用表

⑤ 液晶显示器:显示仪表测量的数值。

⑥ 电容测试插座:测量电容时,将电容插入电容测试座中。

2.使用说明

(1) 直流电压测量

① 将黑表笔插入 COM 孔,红表笔插入 V/Ω 插孔。

② 将功能开关置于 V⎓量程范围,并将表笔接到待测电源或负载上,红色表笔所接端的电压和极性将同时显示在显示器上。

(2) 交流电压测量

① 将黑表笔插入 COM 孔,红表笔插入 V/Ω 插孔。

② 将功能开关置于 V～量程范围,并将表笔接到待测电源或负载上,此时面板显示电压有效值。

(3) 直流电流测量

① 将黑表笔插入 COM 孔,当测量最大值为 200 mA(MY60 为 2 A) 的电流时,红色表笔插入 mA(2 A) 插孔。当测量最大值为 20 A(MY60 为 10 A) 的电流时,红色表笔插入

10 A 插孔。

②将功能开关置于 A— 量程,并将表笔串联到待测电源或负载上,电流值显示的同时,将显示待测电流的极性。

（4）交流电流测量

①将黑表笔插入 COM 孔,当测量最大值为 200 mA(MY60 为 2 A) 的电流时,红色表笔插入 mA(2 A) 插孔。当测量最大值为 20 A(MY60 为 10 A) 的电流时,红色表笔插入 10 A 插孔。

②功能开关置于 A～ 量程,并将表笔串联到待测电源或负载上,电流值显示的同时,将显示红表笔的极性。

（5）电阻测量

①将黑表笔插入 COM 孔,红表笔插入 V/Ω 插孔。

②将功能开关置于 Ω 量程,并将表笔接到待测电阻上,表盘上显示电阻值。

（6）电容测量

将电容管脚按照标示插入插孔。连接被测电容之前,注意每次转换量程时复位需要时间,有漂移读数存在不会影响测试精度。

仪器本身对电容挡设置了保护,故在测量电容过程中不用考虑极性及电容是否充放电等情况,测量电容时,将电容插入电容测试座中。测量大电容时读数稳定需要一定时间。

（7）频率测量

①将黑表笔插入 COM 孔,红表笔插入 V/Ω/F 插孔。

②将功能开关置于 Hz 量程,并将表笔接到频率源上,可直接从显示器上读取频率值。

（8）二极管及蜂鸣器的连接性测试

①将黑表笔插入 COM 孔,红表笔插入 V/Ω/F 插孔,将功能开关置于 ►|／•))挡,并将表笔连接到待测二极管,读数为二极管的正压降的近似值。

②将表笔连接到待测线路的两端,如果两端之间电阻值低于 70 Ω,内置蜂鸣器发声。

（9）晶体管 hFE 测试

①将功能开关置于 hFE 量程。

②确定晶体管是 NPN 或 PNP 型,将基极、发射极和集电极分别插入面板上相应的插孔。

③显示器上显示 hFE 的近似值。

3. 注意事项

①如果不知被测电压(电流)范围,将功能开关置于最大量程并逐渐下降。

②如果显示器显示"1",那表示过量程,功能开关应置于更高量程。

③换功能时,表笔要离开测试点。

④不允许将表笔插在电流端子测量电压。

1.9　ZX21 型电阻箱

ZX21 型电阻箱的面板如图 1.24 所示。

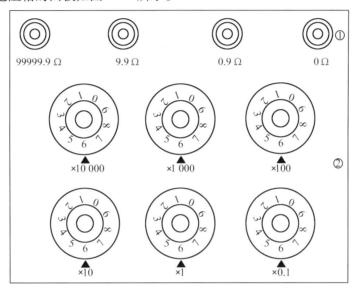

图 1.24　ZX21 型电阻箱面板示意图

1. 面板介绍

① 电阻端子:各位刻度盘的旋钮所对应的读数给出端子之间的电阻值。

② 电阻设置十进制刻度盘(旋钮):用以设置每位的期望电阻数值。

2. 使用说明

电阻箱由 6 个密封转换开关和相应的精密电阻组成,能组成 0.1 Ω ~ 99.999 0 kΩ,最小步进值为 0.1 Ω 的任何电阻值。其电阻值可在已知范围内按一定的阶梯改变。

① 在 0 ~ 0.9 Ω 范围,精度为 5% ,用右侧两个接线柱。

② 在 0 ~ 9.9 Ω 范围,精度为 2% ,用左 2 和最右侧接线柱。

③ 在 0 ~ 99.9 Ω 范围,精度为 1% ,用两侧接线柱。

④ 在 0 ~ 999.9 Ω 范围,精度为 0.5% ,用两侧接线柱。

⑤ 在 0 ~ 9 999.9 Ω 范围,精度为 0.1% ,用两侧接线柱。

⑥ 在 0 ~ 99 999.9 Ω 范围,精度为 0.1% ,用两侧接线柱。

⑦ 所有旋钮所指电阻之和为电阻箱的总电阻。

端子之间的电阻值可由各位刻度盘的旋钮所对应旋钮得到。 例如,为了得到 12 345.6 Ω 的电阻,可分别将旋钮设置于 × 10 kΩ, × 1 kΩ, × 100 Ω, × 10 Ω, × 1 Ω 和 × 0.1 Ω 的刻度盘的 1,2,3,4,5,6 处。注意不能超过最大允许输入电流或电压。当同时使用两个或更多的旋钮时,允许最大电流为较高电阻的限定值。

3. 注意事项

① 先调阻值,再通电,避免短路或将过小的电阻接入电路,造成电阻箱或电路的损

坏。

② 正确接线,按电阻箱侧面的使用说明将导线接到合适的接线柱上。

③ 接线时要将线压紧,减小接触电阻。

④ 在室温和干燥环境中使用,确保电阻箱的阻值精度。

⑤ 使用中不应超过规定的最大允许电流值。

1.10 RX7 – 0A 电容箱

RX7 – 0A 电容箱面板如图 1.25 所示。

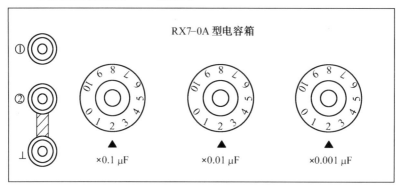

图 1.25 RX7 – 0A 电容箱面板

1. 面板介绍

① 电容端子:各位刻度盘的旋钮所对应的读数给出端子之间的电容值。

② 电容设置十进制刻度盘(旋钮):用以设置每位的期望电容数值。

2. 使用说明

RX7 型电容箱是一种精密的旋钮式十进制电容箱,工作在交流频率 1 500 Hz 范围内的电路中,可作为交流电桥的可变阻抗,滤波电路的元件,以及其他需要电容值能在很大范围内变化的电路中。十进制电容箱由不同个数的十进制开关组件组合而成,每个十进制开关组件的电容值能在 0 ~ 10 范围变化。

电容箱的所有部件及整个电气部分均安装在金属面板和机箱上,电容箱的引出端在面板上,即标记"1""2"端钮,接地用引出端即标记"⊥"端钮。其中"1"、"2"端钮间的电容值在 $(0 \sim 10) \times (0.1 + 1 + 10)$ μF 之间可变。

由于电容量较大,仪器设有放电装置。使用完毕后或需要放电时,应按下放电按钮约 10 s,以对电容箱进行放电操作。

3. 注意事项

① 测量时应注意环境条件的影响,并考虑周围有无强电场。

② 电容箱在低压使用时可考虑二端式或三端式接入工作线路,二端式是指"⊥"端不与"1"、"2"的任何一端相连,三端式是指"⊥"端与"1"、"2"的其中一端或两端相连。二端式使用时的分布电容略大于三端式使用时的分布电容。

③ 电容在接入工作电路时,应考虑连接导线的分布电容。

④ 电容箱应在额定电压范围内使用,不得长时间在超过额定电压下使用! 更不得在超过最高允许电压下使用!

⑤ 在超过 30 V 的电压使用时可能会导致电击危险! 一定不要用身体的任何部位接触电容箱的"1"、"2"端钮(或其引出线) 的裸露导电部位!

1.11　GX9/4 电感箱

GX9/4 电感箱面板如图 1.26 所示。

图 1.26　GX9/4 电感箱面板

1. 面板介绍

① 电感端子:各位刻度盘的旋钮所对应的读数给出端子之间的电感值。

② 电感设置十进制刻度盘(旋钮):用以设置期望电感数值。

2. 使用说明

GX9 型十进制电感箱为单个十进制组合式标准电感线圈器。使用时应稳定连接两个端子。

端子之间的电阻值可由各位刻度盘的旋钮所对应旋钮得到。例如想要得到 0.4 H 的电感,只需旋转刻度盘,将数值选定在 4 的位置即可。

3. 注意事项

① 在室温 + 5 ～ + 35 ℃、相对湿度在 30% ～ 80% 的条件下使用。

② 电感箱安放位置应考虑其与附近金属物体有足够的距离,否则会影响电感量的精度,电感箱在串联使用时误差不大于 ±2% 。

③ 电感箱允许工作在额定电流和最大允许电流之间,但连续工作不应超过 2 h。

④ 不能超过最大允许输入电流或电压。

第2章

电 工 技 术

实验1 伏安特性与叠加定理的验证

一、实验目的

（1）测量线性电阻元件和非线性电阻元件的伏安特性。
（2）学习与掌握常用电工仪表的使用方法。
（3）理解参考方向在电路中的重要作用。
（4）通过对电路的实际测试,加深对叠加定理的理解和认识。
（5）掌握数据测量、数据记录及误差分析。

二、实验设备与器件

（1）电压源:1台。
（2）电流表:1块。
（3）数字万用表:1块。
（4）电阻:若干。
（5）实验板:1个。

三、实验原理

1. 电路元件的伏安特性

电路元件的电气性能通常用其端口特性来描述。元件端口特性是指元件两端电压与通过该元件电流之间的函数关系。独立电源和电阻元件的端口特性可以用电压表与电流表测定,称为伏安测量法（简称伏安法）。伏安法原理简单,测量方便,同时适用于非线性元件端口伏安特性的测量。电阻元件的端口特性通常称为伏安特性。下面简单介绍几种实验中常用的电路元件的端口特性。

（1）线性电阻的伏安特性

线性电阻元件在电子电路中的主要作用是调节电路中的电压与电流,完成分压或分流的功能;它也是电子电路中最基本的元件之一,占电子电路所用元件的比例非常大。

线性电阻元件的特性可以用该元件两端的电压与流过元件的电流的关系来表征,其伏安特性遵循欧姆定律,即两端电压与通过的电流成正比。在 $U-I$ 坐标平面上,图像是一条通过原点的直线,如图 2.1 所示,阻值(直线的斜率)为一常量。

(2)二极管的伏安特性

二极管具有单向导电的特性,是目前使用最广泛的非线性电阻元件之一,其伏安特性是非线性的,即伏安特性曲线是二极管端电压(或通过二极管的电流)的函数。

稳压二极管是一种典型的非线性电阻元件,当施加其两端的反向电压较小时,通过的电流几乎为零,当反向电压增高到一定数值时,通过的电流会急剧增加,稳压管反向击穿。当反向电流在较大范围内变化时,稳压管两端的电压基本保持不变,利用这一特性可以起到稳定电压的作用。稳压二极管与普通二极管的主要区别在于,稳压管是工作在 PN 结的反向击穿状态,其反向击穿是可逆的,只要不超过稳压管的允许值,PN 结就不会过热损坏,当外加反向电压去除后,稳压管恢复原性能,所以稳压管具有良好的重复击穿特性。当稳压管正偏时,它相当于一个普通二极管。稳压二极管的伏安特性如图 2.2 所示。

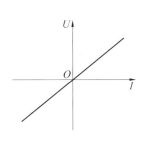

图 2.1　线性电阻的伏安特性曲线

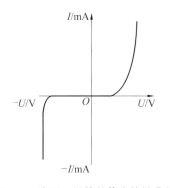

图 2.2　稳压二极管的伏安特性曲线

(3)白炽灯灯丝的伏安特性

白炽灯灯丝也是一种非线性电阻元件,当白炽灯工作时,其灯丝处于高温状态,灯丝的电阻随温度的升高而增大,而灯丝温度又与通过灯丝的电流有关,所以灯丝阻值随流过灯丝的电流而变化,灯丝的伏安特性曲线不再是一条直线,而是一条通过原点的曲线,如图2.3 所示。

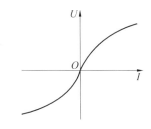

图 2.3　白炽灯灯丝的伏安特性曲线

2. 线性电路的叠加定理和互易定理

线性电路中有若干激励共同作用所产生的响应等于每个激励单独作用于电路所产生响应的代数和,这一特性称为线性电路的叠加性,由叠加定理来表征。

测量某支路电流,将电流表按参考方向接入该支路(电流由电流表的"+"端流入,"−"端流出),若此时电流表指针正向偏转,则所测电流值为正,说明该支路实际电流方向与参考方向一致;若电流表的指针反向偏转,则需将电流表连接线互换以使电流表指针正向偏转,此时所测电流值为负,说明该支路通过的电流与参考方向相反,记录该电流值时应在前面加负号。

测量某支路电压,将电压表"+"与该支路参考方向"+"相连,电压表"−"与该支路参考方向"−"相连,若此时电压表指针正向偏转,则所测电压值为正,说明该支路实际电压方向与参考方向一致;若电压表的指针反向偏转,则需将电压表连接线互换以使电压表指针正向偏转,此时所测电压值为负,说明该支路电压与参考方向相反,记录该电压值时应在前面加负号。

(1)叠加定理

对于线性电路,任何一条支路中的电流,都可以看成是由电路中各个电源(电压源或电流源)分别作用时,在此支路中所产生的电流的代数和。以图 2.4 为例,有

$$U_1 = U_1' + U_1''$$
$$U_2 = U_2' + U_2''$$
$$I = I' + I''$$

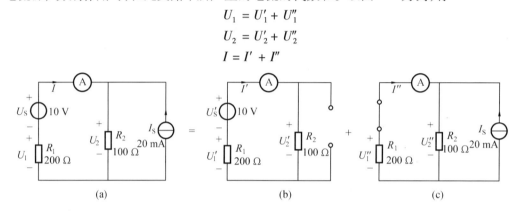

图 2.4 叠加定理电路图

(2)互易定理

在电路中,只有一个电源作用的条件下,当此电源在支路 AD 作用时,在另一支路 BCF 中产生的电流等于将此电源移到支路 BF 时在支路 AD 中所产生的电流。当支路 B 的电源方向与原来的电流方向相同时,则在支路 A 中的电流必与原来的电源方向相同。图 2.5 为互易定理的电路图。

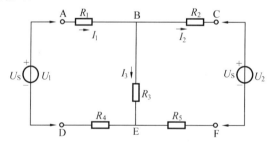

图 2.5 互易定理电路图

实验时,应按电路图所示参考方向测试各电压、电流。即不但要测试电压、电流的大小,还要判断电压、电流的真实方向是否与参考方向一致,一致时其电压、电流为正值,否则为负值。

用数字万用表的直流电压挡测量电压。检查数字万用表的红、黑色表笔是否在万用表的正确位置并连接可靠;将红色表笔与被测电压的"+"端连接,黑色表笔与被测电压的"-"端连接,即可直接从数字万用表读出电压的大小及正、负。

四、实验内容

1. 线性电阻伏安特性的测定

将稳压电源的输出电压 U_S 调至 0 V,按图 2.6 连接电路,然后按表 2.1 所列数值改变稳压电源的输出电压 U_S,分别为 2 V、3 V、6 V、8 V,测出相应的电压和电流值填入表 2.1 中,并在坐标纸中画出线性电阻元件伏安特性曲线。

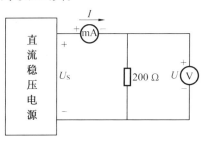

图 2.6　线性电阻伏安特性测定

表 2.1　线性电阻伏安特性数据

U_S/V	0	2	3	6	8
U/V					
I/mA					

2. 叠加定理的验证

(1)调节双路直流稳压电源,使一路输出电压 U_{S1} = 9 V,另一路输出电压 U_{S2} = 6 V(用数字万用表的直流电压挡测定),然后关闭稳压电源,待用。

(2)按图 2.7 所示电路接线。

(3)在 U_{S1}、U_{S2} 共同作用时,测量各支路的电压 U_1、U_2、U_3 之值,填入表 2.2 中。

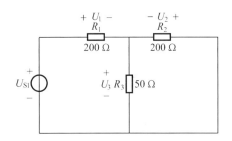

图 2.7　叠加定理的验证

表 2.2　验证叠加定理数据

实验数据\实验内容	测量值		
	U_1/V	U_2/V	U_3/V
U_{S1}、U_{S2} 共同作用			
U_{S1} 单独作用			
U_{S2} 单独作用			
U_{S1} + U_{S2}			

实验时,应按电路图所示参考方向测试各电压、电流。即不但要测试电压、电流的大

小,还要判断电压、电流的真实方向是否与参考方向一致,一致时其电压、电流为正值,否则为负值。

用数字万用表的直流电压挡测量电压。检查万用表的红、黑色表笔是否在万用表的正确位置并连接可靠;将红色表笔与被测电压的"+"端连接,黑色表笔与被测电压的"-"端连接,即可直接从万用表读出电压的大小及正、负。

(4) 按图 2.8 所示电路接线。

(5) 在 U_{S1} 单独作用时,测量各电阻上的电压 U_1、U_2、U_3 之值,填入表 2.2 中。

(6) 按图 2.9 所示电路接线。

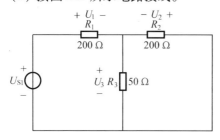 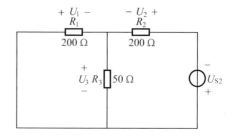

图 2.8　叠加定理的验证(U_{S1} 单独作用)　　图 2.9　叠加定理的验证(U_{S2} 单独作用)

(7) 在 U_{S2} 单独作用时,测量各电阻上的电压 U_1、U_2、U_3 之值,填入表 2.2 中。

(8) 将两个电压源单独作用的结果叠加,填入表 2.2,验证叠加定理。

3. 验证互易定理

(1) 观察实物及电路图,按图 2.10 连接电路。

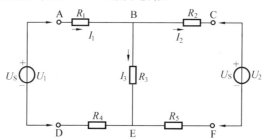

图 2.10　验证互易定理电路图

(2) 将 CF 短路,接通 U_1 = 12 V 电源,使用直流电流表测量 I_2。

(3) 将 AD 短路,接通 U_2 = 12 V 电源,使用直流电流表测量 I_1。

(4) 将 CF 短路,接通 U_1 = 5 V 电源,使用直流电流表测量 I_2。

(5) 将 AD 短路,接通 U_2 = 5 V 电源,使用直流电流表测量 I_1。

(6) 将结果填入表 2.3 中。

表 2.3　验证互易定理数据

	U_1 = 12 V	U_2 = 12 V	U_1 = 5 V	U_2 = 12 V
I_2/mA				
I_1/mA				

五、实验预习要求

（1）熟悉本实验的必备知识。

（2）电阻元件的特性是以该元件两端的电压和流过元件的电流之间的关系表示的，通常以伏安特性来表示。线性电阻元件的伏安特性是一条通过原点的直线，符合欧姆定律。一般的伏安特性曲线常以电流为横坐标，但在电子技术中，半导体元件伏安特性曲线习惯上以电压为横坐标。

（3）预习实验内容，熟悉实验中的具体实验电路图。

六、实验报告要求

（1）简述实验目的和原理，记录实验中所用仪器设备的名称和型号，完成预习内容。

（2）根据测得数据绘出元件的伏安特性及电源端口特性曲线。

（3）总结分析各种曲线的特点，对实验中出现的一些问题进行讨论。

（4）讨论线性电阻的伏安特性。

（5）回答思考题。

七、思考题

（1）如何判断稳压二极管的极性？

（2）测量电阻的伏安特性时，可以将电压表接在电流表的"＋"端，也可以接在电流表的"－"端，哪一种接法对测量误差的影响较小？为什么？

（3）测量非线性电阻的伏安特性和测量理想电源端口特性时，电路都必须串联一定量值的电阻，它们在电路中起什么作用？没有可以吗？

（4）为什么要防止电压源短路，电流源开路？

（5）若电流表指针反偏，该怎样处理？

（6）测量数据前，如何设定电流表、数字万用表的挡位？

（7）测量电压、电流时，怎样判断实验数据前面的正负号？其中负号的意义是什么？

实验2　基尔霍夫、戴维南、诺顿定理的验证

一、实验目的

（1）通过对电路的实际测试，验证并加深理解基尔霍夫、戴维南定理和诺顿定理。

（2）进一步掌握直流电流表，数字万用表，直流稳压电源的使用方法。

二、实验设备与器件

（1）电压源：1台。

（2）电流表：1块。

（3）数字万用表:1 块。

（4）电阻:若干。

（5）实验板:1 个。

三、实验原理

1. 基尔霍夫定律

（1）基尔霍夫节点电流定律

电路中任意时刻流入（或流出）任一节点的电流的代数和等于零,公式为

$$\sum I = 0$$

此定律阐述了电路任一节点上各支路电流间的关系,这种关系与各支路元件的性质无关,不论元件是线性或是非线性的,含源或是无源的,时变的或是时不变的。

（2）基尔霍夫回路电压定律

电路中任意时刻,沿任一闭合回路,电压的代数和为零。公式为

$$\sum U = 0$$

参考方向:当电路中的电流（或电压）的实际方向与参考方向相同时取正值,其实际方向与参考方向相反时取负值。

一个含有线性电阻、独立源和受控源的一端口网络的端口电流与电压关系满足直线方程,与此直线方程对应的电路模型是电压源与电阻的串联或电流源与电导的并联,分别由戴维南定理和诺顿定理来描述。

2. 戴维南定理

任何一个线性有源二端网络对外部电路的作用,都可以用一个电压源和电阻串联的支路来等效。其中电压源的电压等于该网络输出端的开路电压,电阻等于该网络中所有独立电源归零后,从输出端看进去的等效电阻。

3. 诺顿定理

线性含源一端口电阻网络的对外作用可以用一个电流源并联电导的电路来等效。其中电流源的电流等于该网络的短路电流,并联电导等于该网络内部各独立电源置零后所得无独立源一端口网络的等效电导。

4. 等效变换

对任意一个线性含源一端口网络,根据戴维南定理,可以用图 2.11(b) 所示电路进行替换;根据诺顿定理,可以用图 2.11(c) 进行替换。相应的等效条件为:U_{oc} 是含源一端口网络 C、D 两端的开路电压;I_{sc} 是含源一端口网络 C、D 两端短路后的短路电流;电阻 R_1 是把含源一端口网络化成无源网络后的输入端电阻。

用等效电路替代一端口含源网络的等效性,应使外电路中的电流和电压保持不变,亦即替代前后两者引出端间的电压相等,流入（或流出）引出端的电流也必然相等（伏安特性相同）。

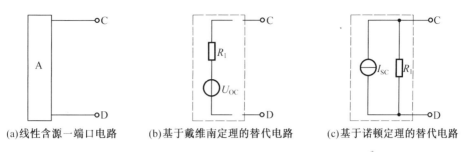

(a)线性含源一端口电路　　(b)基于戴维南定理的替代电路　　(c)基于诺顿定理的替代电路

图 2.11　线性含源一端口电路及替代电路

5. 含源一端口网络开路电压的测量方法

（1）直接测量法

当某含源一端口网络的输入端等效电阻 R_i 与电压表内阻 R_V 相比可以忽略不计时，可以直接用电压表测量其开路电压 U_{OC}。

（2）补偿法

当某含源一端口网络的输入端等效电阻 R_i 与电压表内阻 R_V 相比不可忽略时，补偿法可以消除或减小电压表内阻在测量中产生的误差。

补偿法测量电路如图 2.12 所示，用电压表初测一端口网络 A 的开路电压 U_{OC}，并调整补偿电路中的分压电阻，使 C′D′ 近似等于开路电压 U_{OC}。将 CD，C′D′ 对应相连，再细调补偿电路中的分压电阻，使检流计 G 的指示为零。测量一端口网络输入端等效电阻 R_i。

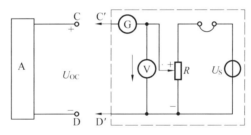

图 2.12　补偿法测量电路

6. 输入端等效电阻的测量方法

输入端等效电阻可以根据一端口网络除掉电源后的无源网络计算求得，也可以应用试验办法求出。测量输入端等效电阻的电路如图 2.13 所示。

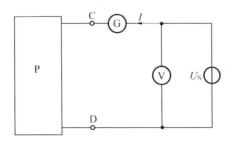

图 2.13　测量输入端等效电阻的电路

（1）测量含源一端口网络的开路电压 U_{OC} 和短路电流 I_{SC}，则

$$R_i = \frac{U_{OC}}{I_{SC}}$$

（2）将含源一端口网络除源，化为无源网络 P，然后按图接线，测量 U_S 和 I，则

$$R_i = \frac{U_S}{I}$$

戴维南定理与诺顿定理统称为等效电源定理，它们是对线性含源一端口网络进行等效化简的重要定理。

四、实验内容

1. 验证基尔霍夫定律

（1）验证基尔霍夫电流定律（KCL）

按照电路图连接线路，图2.14中 $X_1 \sim X_6$ 为节点 B 的三条支路电流的测量端口，实验时，先将此6个节点连接，在测量某个支路电流大小时，将电流表接在相应的端点上，进行测量。

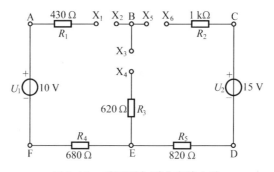

图 2.14　验证基尔霍夫定律电路

验证 KCL 定律时，可假定流入该节点的电流为正，并将电流表负极接在节点一侧，电流表正极接到另一侧进行测量，将结果填入表2.4中。

表 2.4　验证基尔霍夫电流定律

	计算值／mA	测量值／mA
I_1		
I_2		
I_3		
I		

（2）验证基尔霍夫回路电压定律（KVL）

用短接桥将三个电流接口短接，取两个验证回路，分别为 ABEFA、BCDEB，测量时可选顺时针方向为回路电压降方向，并注意电压表的指针偏转方向及取值的正与负。将结果填入表2.5。

表 2.5　验证基尔霍夫电压定律

	U_{AB}	U_{BE}	U_{EF}	U_{FA}	回路 $\sum U$	U_{BC}	U_{CD}	U_{DE}	U_{EB}	回路 $\sum U$
计算值 /V										
测量值 /V										
绝对误差 /V										
相对误差 /V										

2. 测定含源线性一端口网络的外特性

实验线路如图 2.15 所示,调节直流电压源的输出电压 $U_S = 10$ V,直流电流源的输出电流 $I_S = 20$ mA,在交直流实验箱上选择三只电阻,$R_1 = 470\ \Omega$,$R_2 = 200\ \Omega$,$R_3 = 100\ \Omega$,R_L 为 0 ~ 1 000 Ω 可调电阻。将 cd 支路取出,作为外电路,将其余部分作为含源一端口网络。

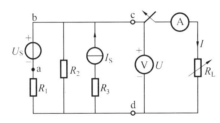

图 2.15　含源线性一端口网络的外特性测量电路

(1)测定图 2.15 所示一端口网络的开路电压 U_{OC},短路电流 I_{SC}。

测量方法:把外电路断开,用数字万用表的交流电压挡测量 c、d 两点之间的电压,即为开路电压。

开路电压 $U_{OC} = $ _____。

(2)测定图 2.15 所示一端口网络的短路电流 I_{SC}。

测量方法:调节 0 ~ 1 000 Ω 可调电阻的阻值,观察电流表的示数,何时电流最大,此刻的电流即是短路电流。

短路电流 $I_{SC} = $ _____。

(3)调节可变电阻 R_L 的阻值 3 次,分别记录相应的电压、电流值,填入表 2.6 中,并将上面所测的开路电压和短路电流也记入表格中,即得到该网络的外特性曲线 $U = f(I)$。

表 2.6　含源一端口网络外特性测量数据

测量次数(改变 R_L)		1	2	3	U_{OC}	I_{SC}
$U = f(I)$	I/mA				0	
	U/V					0

3. 用实验的方法测定有源一端口网络的开路电压 U_{OC} 及等效内阻 R_0

(1)调节双路直流稳压电源,使一路输出电压为 $U_{S1} = 9$ V,另一路输出电压为 $U_{S2} = 5$ V(用数字万用表的直流电压挡测定),然后关闭稳压电源,待用。

（2）按图 2.16 所示电路接线。

（3）用实验的方法测定有源一端口网络的开路电压 U_{OC} 及等效内阻 R_0。

① 方法一

U_{OC} 的测定：将图 2.16 中的 R 支路断开，用数字万用表的直流电压挡测得电压 U_{ab} 即为开路电压 U_{OC}。

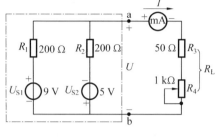

图 2.16　U_{OC} 及 R_0 的测定

R_0 的测定：对于有源一端口网络中的独立电压源，可将电压源取下，用短路导线代替电源。用数字万用表的电阻挡测量该网络 a、b 两端间的电阻 R_{ab}，即为等效内阻 R_0。

将测试结果填入表 2.7 中。

表 2.7　U_{OC} 及 R_0 数据

理论值		测量值	
U_{OC}	R_0	U_{OC}	R_0

② 方法二

通过绘制有源一端口网络的外特性曲线 $U = f(I)$，得到 U_{OC} 及 R_0 值。如图 2.17 所示，外特性曲线与两坐标轴的交点为 U_{OC} 和 I_{SC}。

其中 U_{OC} 为有源一端口网络的开路电压；I_{SC} 为有源一端口网络的短路电流。于是，得到有源一端口网络的等效内阻

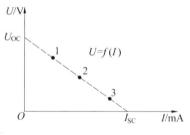

图 2.17　外特性曲线

$$R_0 = \frac{U_{OC}}{I_{SC}}$$

实验步骤如下：

（1）在图 2.16 所示电路中，调节负载 R_L 的电位器（R_4），用数字万用表的直流电压挡和直流毫安表读取四组电压 U 和电流 I 的数据，填入表 2.8 中。

表 2.8　外特性测量数据

测量值								由外特性曲线求出值		
U/V				I/mA						
U_1	U_2	U_3	U_4	I_1	I_2	I_3	I_4	U_{OC}/V	I_{SC}/mA	R_0/Ω

（2）按一定比例画出有源一端口网络的外特性曲线 $U = f(I)$。

（3）通过外特性曲线求出 U_{OC}、I_{SC} 及 R_1 值填入表 2.8 中。

4. 测定戴维南等效电路的外特性

（1）根据戴维南定理的要求，用测得的含源网络的开路电压 U_{OC} 及等效电阻 R_{in} 组成

戴维南等效电路,如图 2.18 所示。

（2）测量开路电压 U_{OC}。

把外电路断开,用数字万用表的直流电压挡测量 c、d 两点之间的电压,即为开路电压。

开路电压 U_{OC} = ＿＿＿＿＿。

（3）测量短路电流 I_{SC}。

调节可调电阻 R_L(0 ~ 1 000 Ω),观察电流表的示数,何时电流最大,此刻的电流即是短路电流。

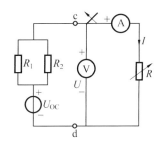

图 2.18　戴维南定理的验证电路

短路电流 I_{SC} = ＿＿＿＿＿。

（4）调节 R_L,与 $U = f(I)$ 取相同的自变量值,测量外特性 $U' = f(I')$,记入表 2.9 中。

表 2.9　戴维南等效电路的外特性测量数据

测量次数（改变 R_L）		1	2	3	U_{OC}	I_{SC}
$U' = f(I')$	I'/mA				0	
	U'/V					0

（5）根据表 2.8、表 2.9 所测数据,在坐标纸上利用同一坐标系画出两条外特性曲线,并根据外特性曲线讨论电源的等效变换,验证戴维南定理的正确性。

5. 测定诺顿等效电路的外特性

（1）根据诺顿定理的要求,用测得的含源网络的短路电流 I_{SC} 及等效电阻 R_{in} 组成诺顿等效电路,如图 2.19 所示。

（2）调节 R_L,与 $U = f(I)$ 取相同的自变量值,测量外特性 $U'' = f(I'')$,记入表 2.10 中。

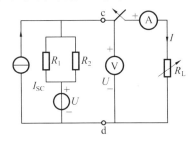

图 2.19　诺顿定理的验证电路

表 2.10　诺顿等效电路的外特性测量数据

测量次数（改变 R_L）		1	2	3	U_{OC}	I_{SC}
$U'' = f(I'')$	I''/mA				0	
	U''/V					0

6. 画外特性曲线

根据表 2.8、表 2.9 及表 2.10 所测数据,在坐标表纸中利用同一坐标系画出三条外特性曲线,并根据外特性曲线讨论电源的等效变换,验证戴维南定理、诺顿定理的正确性。

五、实验预习要求

(1)实验前要充分预习,包括认真阅读理论教材,深入了解本次实验的目的,弄清实验电路的基本原理,掌握主要参数的测试方法。

(2)理解戴维南和诺顿等效电路定理的意义,掌握测量等效电路参数的方法。

(3)对实验内容中的开路电压、短路电流及等效电阻进行理论计算。

六、实验报告要求

(1)整理实验数据,完成数据表格中等效参数的计算。

(2)根据所测数据,在同一坐标系内画出三条外特性曲线。

七、思考题

(1)确定等效电路参数的方法有哪些?

(2)实验中,要将电路中的电压源置零,如何操作?

实验 3　RLC 谐振

一、实验目的

(1)观察谐振现象,了解谐振电路特性,加深对其理论知识的理解。

(2)掌握通过实验测得 f_0 及谐振曲线的方法。

(3)掌握功率函数信号发生器的使用方法。

(4)掌握交流毫伏表的使用方法。

二、实验设备与器件

(1)信号发生器:1 台。

(2)电压表:1 块。

(3)电容箱:1 个。

(4)数字万用表:1 块。

(5)电阻箱:1 个。

(6)电感箱:1 个。

三、实验原理

在特定条件下,含有电感和电容元件的电路可以呈现电阻性,整个电路的总电压、总电流同相位,这种现象称为谐振。

谐振时,电路的阻抗最小。当端口电压 U 一定时,电路的电流达到最大值,该值的大小仅与电阻的阻值有关,与电感和电容的值无关;谐振时电感电压与电容电压有效值相等,相位相反。电抗电压为零,电阻电压等于总电压,电感或电容电压是总电压的 Q 倍,即

$$U_R = U_S$$

$$U_L = U_C = QU_S$$

在电路的 L、C 和信号源电压 U_S 不变的情况下,不同的 R 值得到不同的 Q 值。为了研究电路参数对谐振特性的影响,通常采用通用谐振曲线。对上式两边同除以 I_0 作归一化处理,得到通用频率特性谐振曲线的形状越尖锐,表明电路的选频性能越好。

根据电路结构的区别,谐振可分为串联谐振及并联谐振。

1. 串联谐振

RLC 串联电路产生的谐振称为串联谐振,电路是否产生谐振决定于电路的参数和电源的频率。此实验是在保持电路参数不变的情况下,改变电源频率,研究串联谐振。

谐振条件:电路的电抗为零,阻抗值最小,等于电路中的电阻,电路成为纯电阻性电路,串联电路中的电流达到最大值,电流与输入电压同相位。我们把电路的这种工作状态称为串联谐振状态。

电路如图 2.20 所示,保持电路参数 R、L、C 不变,电路 X_U、X_C、$|Z|$ 和 I 等量随频率变化关系曲线称为频率特性曲线,如图 2.21 所示。由理论分析串联谐振的谐振频率为

$$f_0 = \frac{1}{2\pi\sqrt{LC}}$$

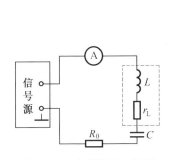

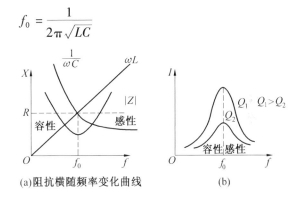

(a)阻抗横随频率变化曲线　　　　(b)

图 2.20　串联谐振电路图　　　　图 2.21　RLC 串联频率特性曲线

串联谐振电路具有如下特性:

(1) 电路的阻抗模 $|Z| = \sqrt{R^2 + (X_L + X_C)^2} = R$,其阻抗值最小。

(2) 电流值最大,电源电压与电流同相位,电路对电源呈现电阻性。

(3) 谐振频率仅由电路参数 L、C 决定,与电阻及外部条件无关。

当电路发生串联谐振时,电路中电感和电容两端电压将远远高于电源输入电压,串联谐振因为这一特点,在电子、通信等领域得到广泛应用,而同时在电力系统中则应尽量避免谐振的发生,避免对电力设施的破坏。

2. 并联谐振

RLC 并联电路,或者电感线圈和电容器并联的电路产生的谐振称为并联谐振。并联谐振电路如图 2.22 所示。

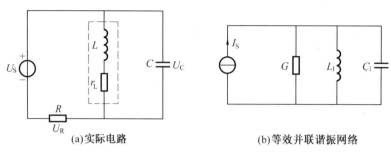

(a)实际电路   (b)等效并联谐振网络

图 2.22   并联谐振电路

谐振条件:谐振时,电路的阻抗最小。当端口电压 U 一定时,电路的电流达到最大值,该值的大小仅与电阻的阻值有关,与电感和电容的值无关;谐振时电感电压与电容电压有效值相等,相位相反。电抗电压为零,电阻电压等于总电压,电感或电容电压是总电压的 Q 倍,即

$$U_R = U_S$$
$$U_L = U_C = QU_S$$

当电压与电流同相时,电路处于谐振状态,此时的角频率记为 ω_0,并联谐振条件为

$$\mathrm{Im}\big[\,Y(\mathrm{j}\omega_0)\,\big] = 0 \quad 即 \quad \omega_0 = \sqrt{\frac{1}{LC}}$$

谐振电压达到最大,电压值为

$$U(\omega_0) = |\,Z(\mathrm{j}\omega_0)\,| \cdot I_S = \frac{1}{G} \cdot I_S$$

在电路的 L、C 和信号源电压 U_S 不变的情况下,不同的 R 值得到不同的 Q 值。为了研究电路参数对谐振特性的影响,通常采用通用谐振曲线。对上式两边同除以 I_0 作归一化处理,得到通用频率特性谐振曲线的形状越尖锐,表明电路的选频性能越好。

改变信号源的频率 f 或角频率 ω,电压的振幅 U 就会发生变化,谐振曲线如图 2.23 所示。

GLC 并联电路的品质因数为

图 2.23   并联谐振曲线

$$Q = \frac{1}{G}\sqrt{\frac{C}{L}}$$

Q 值越大,带宽越窄。

四、实验内容

1. RLC 串联谐振

(')电容箱的电容 C 调为 $0.52~\mu\mathrm{F}$,电感箱的电感 L 调为 $0.4~\mathrm{Hz}$,电阻箱的电阻 R_0 调为 $10~\Omega$,用交流毫伏表监控,调节信号源的输出电压,使信号源的输出电压有效值为 $5~\mathrm{V}$,整个实验过程中信号源的输出电压保持不变。

根据公式 $f_0 = \dfrac{1}{2\pi\sqrt{LC}}$，计算电路的谐振频率 f_0。

（2）连接实验电路

实验电路如图 2.24 所示，功率函数信号发生器的输出端选择电压输出，电压输出端的黑色夹子与电阻箱相连，电压输出端的红色夹子与交流电流表相连。用交流毫伏表监测，使功率函数信号发生器的输出电压 $U_S = 5$ V；电容箱的电容 C 为 0.52 μF，电感箱的电感 L 为 0.4 H，r_L 为电感 L 的内阻，电阻箱的电阻 R_0 调为 10 Ω，作为采样电阻。

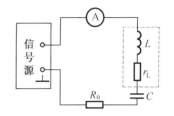

图 2.24　RLC 串联谐振实验电路

（3）测量方法

本实验采用的测量方法是固定电路的电感和电容，通过调节电源的频率使电路发生谐振。

电路发生串联谐振时，主要特点是：端口阻抗最小，电流最大；电压、电流同相位；电感上的电压和电容上的电压大小相等方向相反，远远大于端口电压；根据上述特点，判断电路何时发生谐振，进行串联谐振的研究。

根据公式 $f_0 = \dfrac{1}{2\pi\sqrt{LC}}$ 计算谐振频率，目的是尽快找到谐振点，观察到谐振现象；计算谐振时的电流、电感电压或电容电压，以便选择仪表量程。在 f_0 附近调节信号源频率 f，用电流表监测串联谐振电路电流的变化，可以看到随着电源频率 f 趋近 f_0，电流表的电流值迅速增大，当远离 f_0 时电流表的电流值迅速减小。

（4）读取测量数据

调节信号源频率使电流表所测电流 I 为最大值 I_0，即达到谐振时的电流值，确定实际电路的谐振频率 f'_0（用"f'_0"以区别理论值"f_0"），记录此时的电流 I_0，再用交流毫伏表测出电感箱两端的电压 U_K 和电容箱两端的电压 U_C；减小信号源输出信号的频率为 f'_{C1}，记录对应的 I、U_K 和 U_C；增加信号源输出信号的频率为 f'_{C2}，记录对应的 I、U_K 和 U_C，将所有测量数据记入表 2.11 中的相应位置。

表 2.11　RLC 串联谐振电路数据记录

f/kHz	I/mA	U_K/V	U_C/V
谐振频率 f'_0			
f'_{C1}			
f'_{C2}			

（5）判断端口阻抗性质

根据所测量的电感上的电压 U_K 和电容上的电压 U_C，判断端口阻抗性质，记入表 2.12 中。当电感上的电压 U_K 等于电容上的电压 U_C 时，端口阻抗性质为阻性；当电感上的电压 U_K 大于电容上的电压 U_C 时，端口阻抗性质为感性；当电感上的电压 U_K 小于电容上的电

压 U_C 时,端口阻抗性质为容性。

表 2.12　端口阻抗性质判断记录

	f/kHz	端口阻抗性质
谐振频率 f_0'		
f_{C1}'		
f_{C2}'		

（6）测定 RLC 串联电路的通用谐振曲线

实验线路仍如图 2.24 所示,测试条件不变。以谐振频率 f_0 为中心,左右各扩展 5 个测量点,调节电源的频率,通过电流表观测回路电流的变化规律。将所测量的电流值记录于表 2.13 中。

表 2.13　通用谐振曲线测量数据

频率 f/Hz						(f_0)					
频率比 f/f_0						1					
电流 I/mA											
计算 I/I_0 值						1					

（7）绘制归一化谐振曲线

为了研究电路参数对谐振特性的影响,通常采用通用谐振曲线。测试的电流 I 同除以 I_0 作归一化处理,得到通用频率特性,与此对应的曲线称为通用谐振曲线。

将表 2.13 所记录的频率与电流数据进行归一化处理后,填入表 2.13 的第 2、第 4 行,并据此在坐标纸内绘制归一化串联谐振曲线。

2. RLC 并联谐振

实验电路如图 2.25 所示,按图连接实验电路,用电压源串联电阻 R 来等效图 2.26 中的电流源。其中 $U_S = 5\ \text{V}$,串联电阻 $R = 2\ 000\ \Omega$,电感 $L = 0.1\ \text{H}$ 及电容 $C = 0.016\ \mu\text{F}$,电感器内阻 r_L 忽略不计。

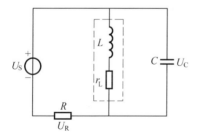

图 2.25　并联谐振网络实验电路

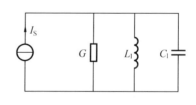

图 2.26　等效并联谐振网络

根据电路参数,由公式 $f_0 = \dfrac{1}{2\pi\sqrt{LC}}$,计算理论的谐振频率 f_0,并将电源频率调到 f_0 附近;再根据"并联谐振发生时,电阻 R 的电压最小"这一特点,用交流电压表监测 U_R,找到谐振频率 f'_0。用毫伏表测量电容电压 U_C,此时应为最大值 U_{C0};改变电源频率,分别测量对应的电容电压 U_C,测量数据记入表2.14第1、第2行内,得到电容电压 U_C 的幅频特性曲线,画在图纸坐标中。

表 2.14　并联谐振幅频特性

f					(f_0)					
U_C										
f/f_0					1					
U_C/U_{C0}					1					

五、实验预习要求

(1) 参考教材,理解串、并联谐振含义。

(2) 熟悉实验内容。

(3) 根据实验给出电路图了解具体参数,估算谐振频率。

六、实验报告要求

(1) 根据实验内容测量实验数据。

(2) 作出串联及并联谐振曲线。

(3) 总结串联谐振的条件和主要特征。

七、思考题

(1) 用哪些方法来判断电路处于谐振状态?

(2) 是否可以使用数字万用表测量本次实验的各交流电压? 为什么?

实验 4　RC 电路的暂态过程

一、实验目的

(1) 通过实验加深对 RC 电路暂态过程的理解。

(2) 学习使用示波器观测 RC 电路的暂态波形。

(3) 了解时间常数对 RC 电路输出波形的影响。

二、实验设备与器件

(1) 双踪示波器:1 台。

(2) 信号发生器:1 台。

（3）电阻箱：1 只。

（4）电容箱：1 只。

三、实验原理

1. 稳态与暂态过程

通常把电压和电流保持恒定或按周期性变化的电路工作状态称为稳态。电路的暂态过程是指电路从一个稳态变化到另一个稳态的过程。暂态过程发生于有储能元件（电容或电感）的电路里。

在图 2.27 所示 RC 电路输入端加上矩形脉冲电压 u_S，RC 电路中电容器的充、放电过程，理论上需持续无限长的时间，但工程应用上一般认为经过 $(3 \sim 5)\tau$ 的时间，暂态过程结束，其中，τ 为时间常数，$\tau = RC$。

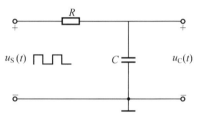

图 2.27　RC 实验电路 1

2. 积分电路、微分电路与耦合电路

（1）RC 电路在一定条件下，可以近似实现微分运算或积分运算。在图 2.27 所示电路中，设 $u_S(t)$ 是幅值为 U、周期为 T 的方波信号源。当时间常数 t 远远大于方波周期 T 时，电容缓慢充电，电容上所充电量极少，因而有

$$u_C(t) \approx 0$$

即

$$u_C(t) \approx u_S(t)$$

所以

$$i_C(t) = \frac{u_R(t)}{R}$$

$$u_C(t) = \frac{1}{C}\int i_C(t)\,\mathrm{d}t \approx \frac{1}{RC}\int u_S(t)\,\mathrm{d}t$$

即输出电压 $u_C(t)$ 与输入电压 $u_S(t)$ 对时间的积分近似成正比，输入与输出波形如图 2.28 所示，该电路称为积分电路。从图 2.28 中可看出，利用积分电路可以实现从方波到三角波形的转换。

（2）在如图 2.29 所示电路中，取输出电压为电阻两端电压。

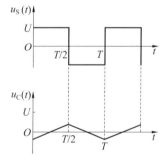

图 2.28　积分电路输入与输出电压波形

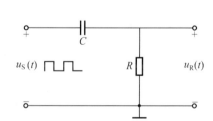

图 2.29　RC 实验电路 2

当时间常数 τ 远远小于方波的周期 T 时，电容充电时间很短，很快就能达到稳态，同时电阻电压也很快由峰值衰减到零。

因而有
$$u_C(t) \approx u_S(t)$$

所以
$$u_R(t) = R i_C(t) = RC \frac{\mathrm{d}u_C(t)}{\mathrm{d}t} \approx RC \frac{\mathrm{d}u_S(t)}{\mathrm{d}t}$$

即输出电压 $u_R(t)$ 与输入电压 $u_S(t)$ 对时间的微分近似成正比,输入与输出波形如图 2.30 所示,该电路称为微分电路。从图 2.30 中可看出,利用微分电路可以实现从方波到尖脉冲波形的转换。

在微分电路中不论 τ 怎样变化,其输出波形的峰 - 峰值总是信号源波形峰 - 峰值的 2 倍;但积分电路中输出波形的幅值随着 τ 的增大而逐渐减小。

(3) 同样对于图 2.29 所示电路,当时间常数 τ 远远大于方波周期 T 时,电容充电速度很慢,因而有
$$u_C(t) \approx 0$$

所以
$$u_R(t) \approx u_S(t)$$

输入电压 $u_R(t)$ 与输入电压 $u_S(t)$ 的波形近似,如图 2.31 所示,该电路称为耦合电路。

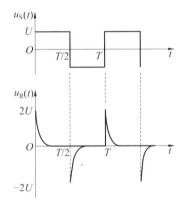

图 2.30　微分电路输入与输出电压波形

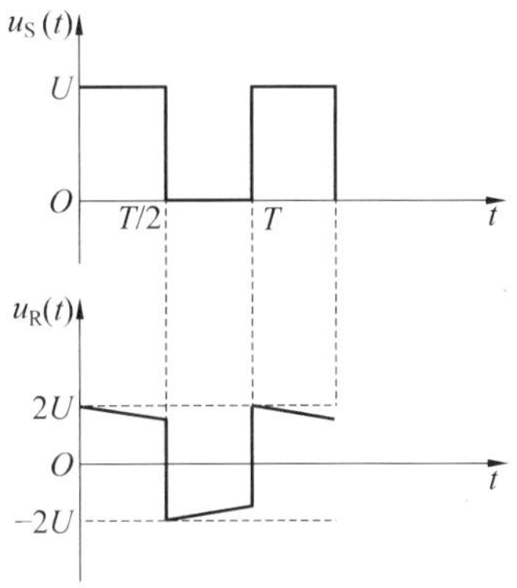

图 2.31　耦合电路输入与输出电压波形

3. 一阶电路

如图 2.32 所示 RC 一阶电路在如图 2.33(a) 所示的正阶跃信号作用下,通过电阻 R 向电容器 C 充电,电容器上的电压 $U_C(t)$ 按指数规律上升,即
$$U_C(t) = U(1 - \mathrm{e}^{-t/\tau})$$
上升规律如图 2.33(c) 所示。

电路达到稳定状态后,将电源短路,输入负阶跃信号,如图 2.33(b) 所示。

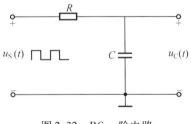

图 2.32　RC 一阶电路

电容器通过电阻放电,其电压按指数规律衰减,即
$$U_C(t) = U\mathrm{e}^{-t/\tau}$$
衰减规律如图 2.33(d) 所示。

$\tau = RC$ 称为电路的时间常数,它的值决定了过渡过程进行的快慢程度。

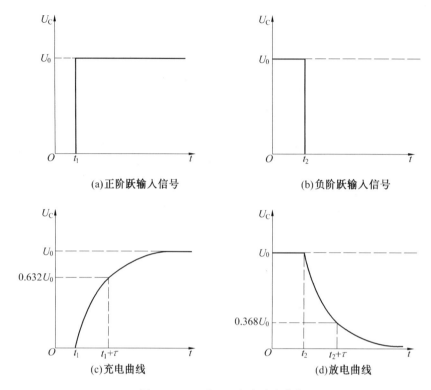

(a)正阶跃输入信号　　　　　(b)负阶跃输入信号

(c)充电曲线　　　　　(d)放电曲线

图2.33　一阶 RC 电路响应曲线

4. 二阶电路

由 RLC 元件串联得到的二阶电路如图2.34所示,可以用线性二阶常系数微分方程表示:

$$LC\frac{\mathrm{d}^2 u_{\mathrm{C}}}{\mathrm{d}t^2} + RC\frac{\mathrm{d}u_{\mathrm{C}}}{\mathrm{d}t} + u_{\mathrm{C}} = U_{\mathrm{S}}$$

微分方程的解等于对应的齐次方程的通解和特解之和,即

$$u_{\mathrm{C}} = A_1 \mathrm{e}^{s_1 t} + A_2 \mathrm{e}^{s_2 t} + U_{\mathrm{S}}$$

当 $R > 2\sqrt{\dfrac{L}{C}}$ 时,响应是非振荡的,称为过阻尼状态;当 $R = 2\sqrt{\dfrac{L}{C}}$ 时,响应处于临界状态,称为临界阻尼状态;当 $R < 2\sqrt{\dfrac{L}{C}}$ 时,响应是衰减振荡的,称为欠阻尼状态,其响应曲线如图2.35所示。

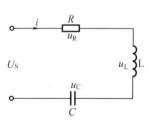

图2.34　RLC 串联电路

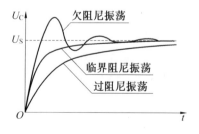

图2.35　二阶电路响应的三种情况

四、实验内容

1. 信号发生器输出电压幅值的测量

（1）测试线连接方法：信号发生器是一种能提供不同类型时变信号的电压源。电压输出端可以输出正弦波、方波、三角波、脉冲波等波形。本次实验使用示波器测量信号发生器的输出电压。示波器测量电压的特点是不仅能够正确地测量信号的幅度，而且能显示信号的波形。

利用示波器测量信号发生器输出电压的测试电路如图 2.36 所示。图中符号"○|"为仪器的 BNC 插座，其外圆是指与仪器外壳相连通的底座，这是仪器的零电位参考点；中间的圆点指仪器的信号端，即信号发生器的输出端、示波器的输入端，此端又称为仪器的"正"端。电路实验中使用的测量线如图 2.37 所示，测量线 BNC 插头的内端接红色鱼夹，外端接黑色鱼夹。当测量线 BNC 插头与仪器 BNC 插座连接后，黑鱼夹与仪器外壳连接在一起。因此，示波器测量信号发生器电压输出时应将其测试线的红色鱼夹和黑色鱼夹分别接到一起，实现"共地"连接。

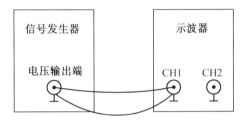

图 2.36　示波器测量信号发生器的电压输出

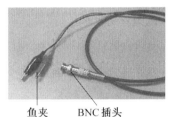

鱼夹　　BNC 插头

图 2.37　实验用测试线

（2）方波电压峰－峰值的测量方法：被测信号加于示波器 Y 输入端，调整信号发生器的"幅度"旋钮，使其为一固定值；示波器"交流（AC）－地（GND）－直流（DC）"开关置于"DC"位置；显示的波形如图 2.38 所示。示波器的 Y 轴灵敏度 V/div 的位置为"2 V/div"，波形的峰－峰之间的高度为 3.5 格，则被测电压峰－峰值 ＝ 灵敏度（V/div）× 高度（div），即电压峰－峰值为 7 V。

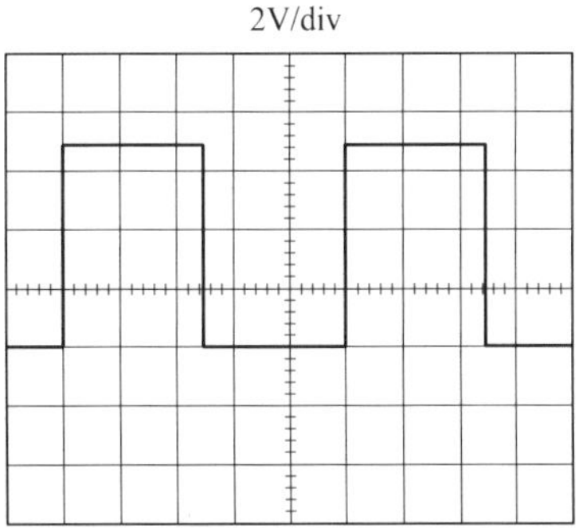

（3）信号发生器输出频率的测量：使用"频率倍乘"开关、"频率调节"旋钮和"频率微调"旋钮调节输出频率。其中，"频率调节"旋钮下方标识 0.2 ~ 2.0 表示频率调节范围为频率倍乘值的 0.2 到 2.0 倍，即如果频率倍乘选择 10 kHz 挡位，则信号源输出频率能够覆盖 2 kHz 至 20 kHz。

图 2.38　方波电压峰－峰值的测量

如图 2.38 所示，示波器屏幕显示被测信号一个周期所占格数为 5 格，如果扫描时间"TIME/div"的挡位在 0.5 ms/div，则周期 $T = 5 \times 0.5$ ms ＝ 2.5 ms，频率 $f = 1/T$ ＝ 400 Hz。

2. RC 电路的暂态过程

（1）按图 2.27 接线，其中电阻 R、电容 C 分别由电阻箱及电容箱提供。调节函数信号发生器，使其输出频率为 500 Hz、峰 – 峰值为 5 V 的方波电压。

（2）调节电阻箱和电容箱，选择适当的 R、C 值，满足条件 $\tau = RC = 0.1T$。

（3）调节示波器，观察输出电压 $u_C(t)$ 的暂态波形。记录 R、C 值及绘制输出电压 $u_C(t)$ 波形，结果填入表 2.15。

（4）调节电阻箱，观察 τ 值变化对输出电压 $u_C(t)$ 波形产生的影响。

表 2.15　RC 电路过滤过程波形

波形名称	波形图
$u_S(t)$ 波形曲线	
RC 电路的暂态过程波形 $u_C(t)$ 波形曲线	$R = $ _____ /kΩ　$C = $ _____ μF $t_2 = 0.1T$
积分电路 $u_C(t)$ 波形曲线	$R = $ _____ /kΩ　$C = $ _____ μF $\tau = 2T$

3. RC 积分电路

（1）按图 2.27 接线，其中电阻 R、电容 C 分别由电阻箱及电容箱提供。调节函数信号发生器，使其输出频率为 500 Hz、峰 – 峰值为 5 V 的方波电压。

（2）调节电阻箱和电容箱，选择适当的 R、C 值，满足条件 $\tau = RC = 2T$。

（3）调节示波器，观察输出电压 $u_C(t)$ 的波形。记录 R、C 值及绘制输出电压 $u_C(t)$ 波形，结果填入表 2.15。

（4）调节电阻箱或电容箱，观察 τ 值变化对输出电压 $u_C(t)$ 波形产生的影响。

4. RC 微分电路

（1）按图 2.29 接线，其中电阻 R、电容 C 分别由电阻箱及电容箱提供。调节函数信号发生器，使其输出频率为 500 Hz、峰 – 峰值为 5 V 的方波电压。

（2）调节电阻箱和电容箱，选择适当的 R、C 值，满足条件 $\tau = RC = 0.01T$。

（3）调节示波器，观察输出电压 $u_R(t)$ 的波形。记录 R、C 值及绘制输出电压 $u_R(t)$ 波形，结果填入表 2.16。

（4）调节电阻箱或电容箱，观察 τ 值变化对输出电压 $u_R(t)$ 波形产生的影响。

表 2.16　微分、耦合电路实验数据

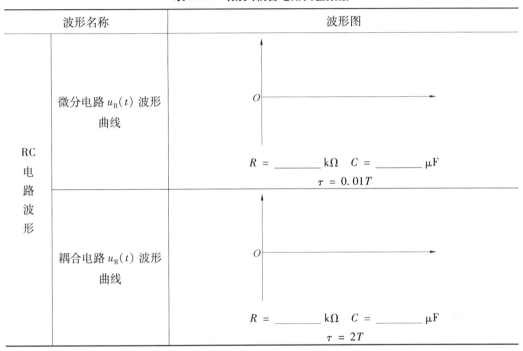

波形名称	波形图
RC 电路波形　微分电路 $u_R(t)$ 波形曲线	O —————→ $R = $ _____ kΩ　$C = $ _____ μF $\tau = 0.01T$
耦合电路 $u_R(t)$ 波形曲线	O —————→ $R = $ _____ kΩ　$C = $ _____ μF $\tau = 2T$

5. RC 耦合电路

（1）按图 2.29 接线，其中电阻 R、电容 C 分别由电阻箱及电容箱提供。调节函数信号发生器，使其输出频率为 500 Hz、峰 – 峰值为 5 V 的方波电压。

（2）调节电阻箱和电容箱，选择适当的 R、C 值，满足条件 $\tau = RC = 2T$。

（3）调节示波器，观察输出电压 $u_R(t)$ 的波形。记录 R、C 值及绘制输出电压 $u_R(t)$ 波形，结果填入表 2.16。

（4）调节电阻箱或电容箱，观察 τ 值变化对输出电压 $u_R(t)$ 波形产生的影响。

6. 组成观测二阶电路暂态过程的实验电路

函数信号发生器，频率为 1 kHz，峰 – 峰值为 6 V，占空比为 50%。

（1）观测并描绘电容两端电压随时间变化曲线

按图 2.39 接线，调节电阻箱，使 R 在 0 ～ 4 kΩ 之间变化，用示波器观察电容两端电压 u_C 在欠阻尼（衰减振荡）、临界阻尼和过阻尼情况下随时间 t 变化的波形，把 3 条曲线用不同线型或不同颜色描绘在同一坐标系中。

（2）观测并描绘电流随时间变化的曲线

按图2.40接线，调节电阻箱，使 R 在 $0 \sim 4\ \mathrm{k\Omega}$ 之间变化，用示波器进行观测，u_R 在欠阻尼、临界阻尼和过阻尼情况下随时间 t 变化的波形，并绘制。

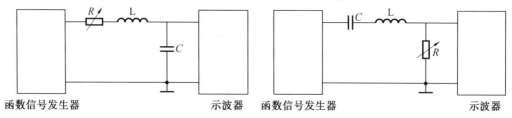

图2.39　观测二阶电路 $u_C(t)$ 的电路　　　　图2.40　观测二阶电路 $I_R(t)$ 的电路

（3）测量临界电阻

用示波器将波形放大，从斜率变化最大处的局部放大图上仔细观察 R 改变时波形的变化，找到临界状态，记录此时的电阻值。

五、实验预习要求

（1）理解 RC 电路暂态过程。

（2）了解一阶、二阶电路暂态过程。

（3）实验中确保函数信号发生器和示波器的"共地"连接的使用方法。

六、实验报告要求

（1）整理实验数据，绘制波形图。

（2）总结时间常数 τ 对 RC 电路暂态过程的影响。

（3）根据实验结果总结RC积分电路、微分电路及耦合电路的条件；分析这三种RC电路的特点。

七、思考题

（1）将方波信号转换为尖脉冲信号，可通过什么电路来实现？将方波信号转换为三角波信号，可通过什么电路来实现？对电路参数有什么要求？

（2）利用示波器是否可以测量电路中电流的波形？说明理由。

实验5　三相电路

一、实验目的

（1）掌握三相负载的两种连接方式，理解在不同连接方式下，线电压与相电压，线电流与相电流之间的关系。

（2）了解不对称三相电路的特殊现象以及三相四线制电路中中性线的作用。

二、实验设备与器件

（1）三相电源：线电压 220 V。

（2）三相负载：白炽灯 6 只。

（3）电流表：1 块。

（4）数字万用表：1 块。

（5）三相电路实验箱：1 只。

三、实验原理

三相供电系统主要由三相电源、三相负载和三相输电线三部分组成。由三相电源，通过三相输电线，向三相负载供电就构成了三相电路。三相电源是由频率相同、幅值相等、初相依次滞后120°的正弦电压源组成的对称电源。若三相负载（输电线）等效阻抗相同，则称为对称三相负载。

三相电源和三相负载都有两种基本的连接方式，即星形（或称 Y 形）连接和三角形连接。所谓把三相负载接成星形就是把三相负载的末端 X、Y、Z 连接在一起，另一端分别接至三相电源 A、B、C 端，若将 N 点和 N′ 点相连，电源和负载之间用了四根导线，故称三相四线制，如图 2.41 所示。图中三相负载相连在一起的公共点 N′ 点，称中性点，从电源 A、B、C 端引出的三根导线称为端线（俗称火线），中性点之间的连线称为中线。

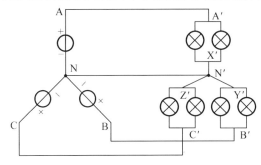

图 2.41　三相四线制

端线电流称为线电流，每两条端线之间的电压称为线电压。电源和负载中各相的电流称为相电流，各相上的电压称为相电压。

在三相四线制电路中，如果端线电流是对称三相电流，则中线的电流等于零。在这种情况下，中线不起载送电流的作用，可以把它省去，于是原来的三相四线制就变成了三相三线制。若负载不对称，中线电流不为零，但如果中线阻抗足够小，则仍能保证各相负载电压对称。在没有中线时，因负载不对称而引起的中性点位移最为严重，负载阻抗最大的一相其相电压最高，严重的可能烧坏用电设备。为了避免因中性线断路而造成负载相电压严重不对称，要求中性线安装牢固，并不得在中线上安装开关和保险丝，以确保每相电压等于电源相电压，不影响各相负载的正常工作。

负载星形连接时变量关系见表 2.17。

表 2.17 负载星形连接变量关系

			$I_1 = I_P$
三相负载 星形连接			$U_1 = \sqrt{3}\,U_P$ $\qquad U_{N'N} = 0$
	有中线	负载对称	$I_{N'N} = 0$
		负载不对称	$I_{N'N} \neq 0$
	无中线	负载对称	$U_1 = \sqrt{3}\,U_P$ $\qquad U_{N'N} = 0$
		负载不对称	$U_1 \neq \sqrt{3}\,U_P$ $\qquad U_{N'N} \neq 0$

三相负载的三角形连接方式如图 2.42 所示，接线时先将三相负载按始端和末端依次相连，再将每相的始端或末端与电源相连。在三角形连接的三相正弦电流电路中，线电压等于相电压，若相电流对称，则线电流的有效值为相电流有效值的 $\sqrt{3}$ 倍。

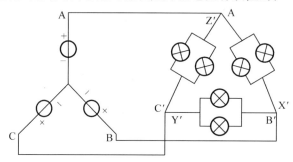

图 2.42 三相负载的三角形连接

二表法测量三相总功率

三相有功功率的测量方法有三表法和二表法两种。二表法通常用于测量三相三线制负载功率，不论负载对称与否，两个功率表的读数分别为

$$W_{1UM} = I_U U_{UN}\cos(\varphi - 30°) = I_L U_L\cos(\varphi - 30°)$$

$$W_{2VM} = I_V U_{VN}\cos(\varphi + 30°) = I_L U_L\cos(\varphi + 30°)$$

式中，φ 为负载的功率因数角。

注：三相总功率为两个功率表读数的代数和。

四、实验内容

1.三相电路实验箱

三相电路实验箱结构示意图如图 2.43 所示，实验箱中 $XS_1 \sim XS_7$ 分别为线电流和相电流插座，A′X′、B′Y′、C′Z′ 为三相负载端，每相负载由两盏功率相同的白炽灯组成，每盏白炽灯上方均有控制开关。每相负载还连接 3 个电容器，本次实验不使用，应使开关处于关断状态。

2.负载星形连接的电压、电流测量

（1）实验电路如图 2.41 所示，采用三相四线制负载星形连接，测量各线电压、相电压和中线电压，数据记入表 2.18 中。

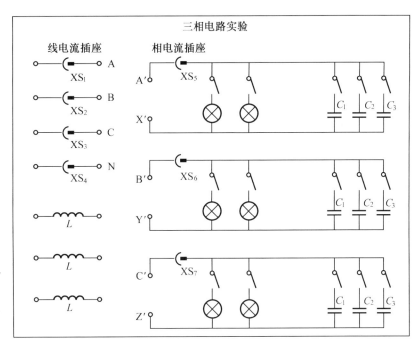

图 2.43　三相电路实验箱结构示意图

表 2.18　三相四线制负载星形连接的电压测量

	线电压 /V			相电压 /V			中线电压 /V
	$U_{A'B'}$	$U_{B'C'}$	$U_{C'A'}$	$U_{A'N'}$	$U_{B'N'}$	$U_{C'N'}$	$U_{NN'}$
对称负载(各相开一盏灯)							
不对称负载(一相开两盏灯,两相开一盏灯)							
A 端线断路(各相开一盏灯)							

（2）采用三相四线制负载星形连接,测量各线电流及中线电流,数据记入表 2.19 中。

表 2.19　三相四线制负载星形连接的电流测量

	线电流 /mA			中线电流 /mA
	I_A	I_B	I_C	I_N
对称负载(各相开一盏灯)				
不对称负载(一相开两盏灯,两相开一盏灯)				
A 端线断路(各相开一盏灯)				

（3）采用三相三线制负载星形连接，测量各线电压、相电压和中线电压，数据记入表 2.20 中。

表 2.20　三相三线制负载星形连接的电压测量

	线电压/V			相电压/V			中线电压/V
	$U_{A'B'}$	$U_{B'C'}$	$U_{C'A'}$	$U_{A'N'}$	$U_{B'N'}$	$U_{C'N'}$	$U_{NN'}$
对称负载（各相开一盏灯）							
不对称负载（一相开两盏灯，两相开一盏灯）							
A 端线断路（各相开一盏灯）							
A 相负载短路（各相开一盏灯）							

（4）采用三相三线制负载星形连接，测量各线电流，数据记入表 2.21 中。

表 2.21　三相三线制负载星形连接的电流测量

	线电流/mA		
	I_A	I_B	I_C
对称负载（各相开一盏灯）			
不对称负载（一相开两盏灯，两相开一盏灯）			
A 端线断路（各相开一盏灯）			
A 相负载短路（各相开一盏灯）			

3. 负载三角形连接的电流测量

实验电路如图 2.42 所示，负载采用三角形连接方式，测量线电流、相电流，数据记入表 2.22 中。

表 2.22　负载三角形连接的电流测量

	线电流/mA			相电流/mA		
	I_A	I_B	I_C	$I_{A'B'}$	$I_{B'C'}$	$I_{C'A'}$
对称负载（各相开一盏灯）						
不对称负载（一相开两盏灯，两相开一盏灯）						
A′B′ 相负载断路（各相开一盏灯）						

4. 测量三相功率

用二表法测量对称负载和不对称负载的三相有功功率,测量电路如图 2.44 所示,将结果记录在表 2.23 中。

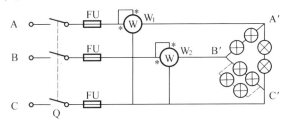

图 2.44　二表法测量三角形负载功率电路

表 2.23　二表法测量三角形负载功率

	电压 /V			电流 /mA		功率 /W		
	$U_{A'B'}$	$U_{B'C'}$	$U_{C'A'}$	I_A	$I_{C'A'}$	W_1	W_2	W_3
对称负载								
不对称负载								

5. 相序的测量

按图 2.45 连接电路,若相序正确,则 1 路灯亮,2 路灯暗,然后调换相序将 L_1 接到 2 路灯,L_2 接到 1 路灯,此时 1 路灯暗,2 路灯亮。

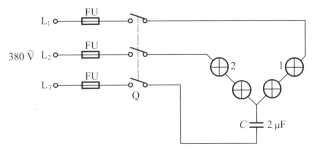

图 2.45　相序测量电路

五、实验预习要求

(1) 掌握三相负载的两种连接方式的含义及连接方法,理解在不同连接方式下,线电压与相电压、线电流与相电流之间的关系。

(2) 本次实验是强电实验,电压较高,切记保证不带电作业。即:在接线、查线、改线、拆线时要切断电源。并严格遵守"先接线后通电","先断电后拆线"的操作顺序,确保人身安全和仪器仪表的安全。

(3) 测量电流时,电流表需串联在电路中。

六、实验报告要求

（1）简述实验目的与原理，记录实验中所用仪器设备的名称、规格、型号，完成预习内容。

（2）根据实验数据和观察到的现象，总结负载星形连接时相电压和线电压之间的关系及中线的作用。

（3）总结负载三角形连接时相电流和线电流之间的关系。

七、思考题

（1）在三相四线制系统中，中性线上可以安装开关和保险吗？为什么？

（2）三相三线制负载星形连接，当负载不对称时，有无中性点位移？

实验6　电动机的继电接触器控制

一、实验目的

（1）看懂三相异步电动机铭牌数据和定子三相绕组六根引出线在接线盒中的排列方式；

（2）根据电动机铭牌要求和电源电压，能正确连接定子绕组（Y形或 △ 形）；

（3）了解复式按钮、交流接触器和热继电器等几种常用控制电器的结构，并熟悉它们的接用方法；

（4）通过实验操作加深对三相异步电动机直接启动和正反转控制线路工作原理及各环节作用的理解和掌握，明确自锁和互锁的作用；

（5）学会对三相异步电动机进行简单顺序控制；

（6）学会检查线路故障的方法，培养分析和排除故障的能力。

二、实验设备与器件

（1）电动机控制综合实验板：1 台。

（2）数字万用表：1 块。

三、实验原理

由继电器、接触器和按钮等控制电器实现的对电动机的控制，称为继电接触器控制。任何复杂的控制线路都由一些基本的电路组成，而鼠笼式电动机的直接启动控制线路则是最基本的控制电路。该线路在实现对电动机的起、停控制的同时还具有短路保护、过载保护和零压保护作用。该线路是设计电动机控制线路的基础，各种功能的控制线路都可由它演变出来。

三相鼠笼式电动机转动方向取决于定子旋转磁场的转向，要想改变转子的转动方向，只要改变定子旋转磁场的方向即可，而旋转磁场方向与定子绕组上三相电源的相序有关。将连于电动机定子绕组的三根电源线中任意的两根对调位置便可改变电源相序从而实现电动机转向的改变。在切断电源的情况下,将接电动机定子绕组的三根电源线中任意两根的一头对调,再闭合开关,重新启动电动机,就可以观察到电动机前后两次的转向是相反的。

在控制线路的动作过程中,对正转控制电路的根本要求是:必须保证接触器线圈能够接通工作。

直接启动控制。检查接触器线圈额定电压是否与本实验的控制线路电压一致。用数字万用表电阻挡检查接触器、热继电器和按钮的触点通断状况是否良好。在切断电源的情况下,按图 2.46 接线。通常先用导线接好主电路,然后再用导线连接控制电路,并且按"先串后并"的方法进行接线。要求在任一连接点上不超过两根导线以保证接线的牢靠和安全。线路接好后,按先主电路后控制电路的顺序依次检查。对所接线路的检查核对也可用数字万用表的电阻挡,在不带电的情况下,通过各触点闭合或断开时电路阻值的变化来判断。在确认所接线路正确无误,经指导教师认可后,方可合闸进行控制操作。不接 KM 的自锁触点,按下 SB 进行点动实验。当按下 SB 按钮时,电动机转动;当松开 SB 按钮时,电动机停止转动;接上 KM 的自锁触点,当按下 SB_2 按钮时,电动机转动;当松开 SB_2 按钮时,由于 KM 的自锁触点仍处于闭合状态,始终保持着电动机的控制回路处于通电状态,因此电动机继续转动;当按下 SB_1 按钮时,虽然 KM 的自锁触点仍处于闭合状态,但是电动机的控制回路处于断电状态,接触器不再被通电,接触器的所有触点恢复到断电时的状态,即 KM 的常开自锁触点处于断开状态,因此电动机停止转动。

四、实验内容

1. 电动机的点动控制

(1) 按照图 2.46 接线。

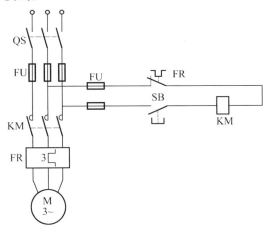

图 2.46　电动机的点动控制电路

(2) 检查无误后,接通电源。

(3) 按下 SB 观察并记录电动机的运行情况。

2. 电动机的直接启动控制

（1）按照图 2.47 接线。

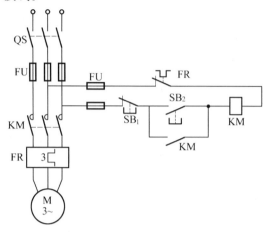

图 2.47　电动机的直接启动控制电路

（2）检查无误后，接通电源。

（3）分别按下 SB_2 和 SB_1 观察并记录电动机的运行情况。

（4）切断电源后，将接于电动机定子绕组的三根电源线中的任意两根对调，通电后重新启动电动机，观察并记录电动机转向的变化。

3. 实际应用控制电路

在输煤系统中，只有当第 2 段输煤皮带运行后，第 1 段输煤皮带的运行电路才允许被运行。

（1）第 2 段输煤皮带按照图 2.48 接线（只接接触器 KM_3，不接电动机）。

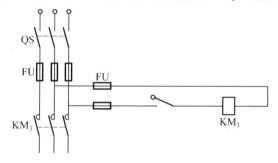

图 2.48　第 2 段输煤皮带控制电路

（2）检查无误后，接通电源。

（3）向左侧扳动左合开关，观察并记录接触器 KM_3 是否吸合。

（4）扳动开关至中间位置，观察并记录接触器 KM_3 是否断电。

（5）第 1 段输煤皮带按照图 2.49 接线（连接接触器 KM_1 和电动机）。

（6）按图 2.49 接线，检查无误后，接通电源。

（7）按下 SB_2 观察并记录电动机是否运行。

（8）向左侧扳动左合开关，观察接触器 KM_3 吸合后，再按下 SB_2 观察并记录电动机是

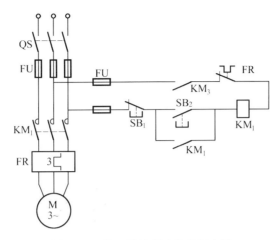

图 2.49　第 1 段输煤皮带控制电路

否运行。

（9）将扳动开关扳至中间位置,观察并记录电动机的运行情况。

五、实验预习要求

（1）了解三相异步电动机铭牌数据的意义以及定子绕组在接线盒中的排列方法。

（2）复习按钮、交流接触器和热继电器、熔断器、空气开关等几种常用控制电器的结构、用途和工作原理。

（3）复习三相异步电动机直接启动和正反转控制线路的工作原理,并理解自锁、互锁及点动的概念,以及短路保护、过载保护和零压保护的概念。

（4）设计对两台电动机进行启、停顺序控制的线路（主电路及控制电路）:M_1 启动后,M_2 才能启动;M_2 停车后,M_1 才能停车。

六、实验报告要求

（1）分析思考题,将答案写在实验报告上。

（2）总结电动机正反转控制回路的工作过程。

（3）记录实验过程中遇到的问题及解决方法。

七、思考题

（1）在电动机直接启动控制实验中,合上电源开关后没有按动启动按钮电动机就自行转动起来,并且按下停车按钮后无法停车,可能是什么原因造成的?

（2）为什么在正反转控制电路中必须保证两只接触器不能同时工作?

（3）经检查主电路和控制电路分别连接正常,合上开关后按启动按钮却无法启动,可能是什么原因?

（4）热继电器用于过载保护,它是否也能用于短路保护? 为什么?

实验7　三相异步电动机的时间﹑顺序控制电路实验

一﹑实验目的

（1）了解时间继电器的工作原理，掌握其使用方法。
（2）学习三相异步电动机 Y － △ 启动控制方法。
（3）研究电动机顺序控制电路。
（4）连接顺序控制电路，观察对两台电动机进行顺序控制的工作过程。

二﹑实验设备与器件

（1）电动机控制综合实验板：1 台。
（2）导线：若干。

三﹑实验原理

1．时间控制部分

（1）时间继电器

时间继电器在电磁线圈通电或断电后，将延迟一段时间才控制触头动作。时间继电器触头符号如图 2.50 所示。

(a)延时闭合　　　　　(b)延时断开　　　　　(c)延时断开　　　　　(d)延时闭合

图 2.50　时间继电器触头符号

（2）Y － △ 启动控制

采用 Y － △ 变换启动是一种减小三角形接法三相异步电动机启动电流的常用方法。电动机启动时，先通过控制电路将电动机绕组接成星形连接，转子开始转动后立即转换成三角形连接，转入正常工作状态。

（3）控制电路

如图 2.51 所示，QM 为电源总开关，FU 为熔断器，KL 为热继电器。按下按钮开关 SB_1，接触器 C_1 得电，电动机接成星形；同时，时间继电器 KT 线圈得电，控制时间继电器的常闭触头延时断开，接触器 C_1 线圈失电，C_1 的主触头断开，电动机星形工作状态结束；接触器 C_3 保持通电状态，C_2 线圈串联的 C_1 常闭触头恢复到闭合状态，C_2 线圈得电，C_2 主触头闭合，电动机转入三角形工作状态。

2．顺序控制部分

（1）顺序控制环节

在某些机床中，必须在主轴拖动电动机工作之前，先启动油泵润滑电动机，具体要求为

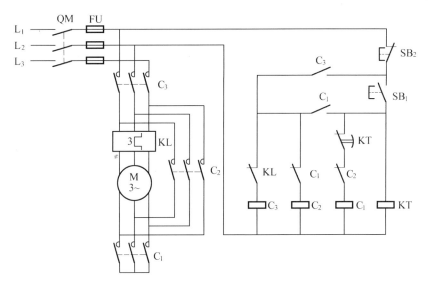

图 2.51　Y－△ 启动控制电路

① 油泵电动机不启动,主轴电动机不允许单独启动。

② 主轴电动机运转期间,油泵电动机始终不允许停止工作。

③ 油泵电动机可以单独启动,在油泵电动机工作时,主轴电动机可以随意启动或停车。

（2）对两台电动机实现顺序控制的继电接触控制电路

对主轴电动机和油泵电动机顺序控制的电路如图 2.52 所示。图中接触器 C_1 用于控制油泵电动机,接触器 C_2 用于控制主轴电动机;SB_1 为油泵电动机的启动按钮,SB_2 为油泵电动机的停止按钮,SB_3 为主轴电动机的启动按钮,SB_4 为主轴电动机的停止按钮。

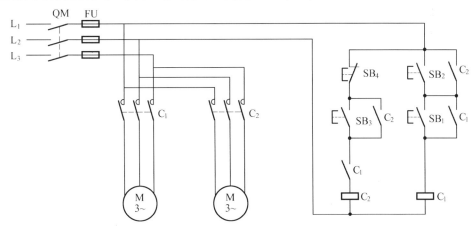

图 2.52　顺序控制电路

四、实验内容

1.时间控制部分

（1）按图 2.51 接控制电路,仔细检查所接电路与电路图是否一致。

（2）确认无误后再接通电源。

（3）按下按钮开关 SB_1，启动控制电路，观察三个接触器、热继电器和时间继电器是否工作正常，若发现异常，应及时切断电源，找出原因并排除故障后再继续进行实验。

（4）调整时间继电器的延迟时间，观察延迟时间对各触头的控制作用。

（5）控制回路工作正常后，切断电源，接通主回路，检查无误后，通电启动，观察电动机的启动运转情况。

（6）根据电动机实际启动过程调整时间继电器的延迟时间，记录电动机星形启动工作的时间。

（7）按下按钮开关 SB_2，电动机断电，逐渐减速后停止转动。

2. 顺序控制部分

（1）分析电路图。

（2）按图 2.52 接控制电路，两台电动机接触器下口暂不接线。

（3）闭合三相断路器，检查控制电路在顺序启动和顺序停车时是否工作正常。顺序启动时，先按 SB_1 后按 SB_3，接触器 C_1 和接触器 C_2 的电磁线圈应顺序吸合；顺序停车时，先按 SB_4 后按 SB_3，接触器 C_2 和接触器 C_1 的电磁线圈应顺序释放。

（4）不按顺序启动和顺序停车的要求进行启动和停车，先按 SB_2 后按 SB_1，或先按 SB_3 后按 SB_4，观察各元件动作情况是否正确。

（5）控制电路工作完全正常后，切断三相断路器，将两台电动机与接触器下口连接后，再接通电源，重复步骤（3）、（4）中的操作，观察两台电动机的动作过程是否正确。

五、实验预习要求

（1）了解三相异步电动机铭牌数据的意义以及定子绕组在接线盒中的排列方法。

（2）复习按钮、交流接触器和热继电器、熔断器、空气开关等几种常用控制电器的结构、用途和工作原理。

（3）复习三相异步电动机时间控制、顺序控制线路的工作原理。

六、实验报告要求

（1）分析思考题，将答案写在实验报告上。

（2）总结电动机时间控制、顺序控制的工作过程。

（3）记录实验过程中遇到的问题及解决方法。

七、思考题

（1）通电延时和断电延时有何区别？

（2）实验过程中按下启动按钮后，接触器发出很大的"咔嗒咔嗒"的噪声，电动机不能正常运行，是什么原因造成的？

实验 8 OrCAD PSpice 电路仿真实验

一、实验目的

(1) 学习运用 PSpice 分析直流电路、正弦电流电路和动态电路的方法。

(2) 掌握利用 PSpice 进行电路仿真分析的基本过程。

二、预习要求

(1) 了解 OrCAD 软件的使用方法。

(2) 在计算机上进行练习,熟悉 OrCAD 软件的主菜单、各种工具栏和仪表栏的使用方法。

三、实验解析

【例2.1】 已知电路如图2.53所示,$U_s = 8$ V,求各节点电位、各支路电流和各电阻吸收的功率。

仿真步骤如下。

1. 绘制电路图

(1) 按 开始 按钮,选择"所有程序 /OrCAD 15.7 Demo",点击"OrCAD Capture CIS Demo",或在桌面双击 图标,进入 Capture 电路图编辑界面。

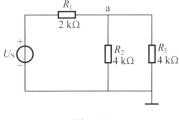

图 2.53

(2) 在 ANALOG 库中提取电阻 R,在 SOURCE 库中提取 VDC。

(3) 连线,放置节点符号、接地符号。

(4) 按图 2.53 设置电阻和电源参数。

以上各项完成后,得到图 2.54 所示的 PSpice 仿真电路图。保存电路图。

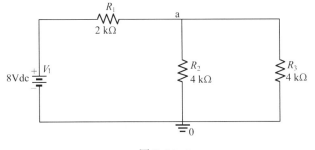

图 2.54

2. 确定分析类型及设置分析参数

(1) 点击工具按钮 ,在 New Simulation 对话框中键入项目名称,按 Create 按钮,进入 Simulation Settings 对话框,如图 2.55 所示。

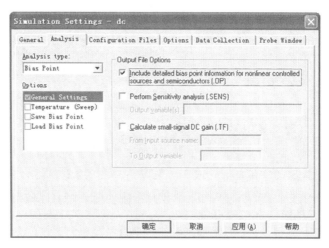

图 2.55

（2）Simulation Settings 中的各项设置：

①Analysis type 选择"Bias Point"；

②Option 选择"General Settings"；

③Output File Options 栏中选择"Include detailed bias point information for nonlinear controlled sources and semiconductors"；设置完毕，点击 确定 按钮。

3. 电路仿真分析及分析结果的输出

（1）点击工具按钮 ▶，调用 PSpice A/D 软件对该电路图进行仿真分析。

（2）返回 Capture 绘图界面，依次点击工具按钮 **V**、**I**、**W**，则电路图上相应位置依次显示节点电位、支路电流及各元器件上的功率损耗。如图 2.56 所示。

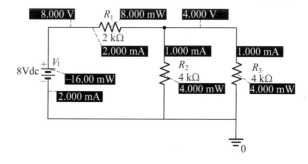

图 2.56

【例 2.2】 电路如图 2.53 所示，当 U_S 从 0 V 连续变化到 10 V 时，求 V_a 的变化曲线。仿真步骤如下。

1. 绘制电路图

重新回到例 2.1 的 Capture 绘图界面，在图 2.54 的仿真电路图中放置电压探针。

点击工具按钮 ，光标即可携带一节点电压探针符号。在节点 a 上单击鼠标左键，即可在该处放置探针符号。完成的电路图如图 2.57 所示。

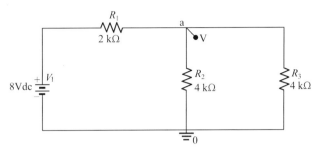

图 2.57

2. 确定分析类型及设置分析参数

（1）点击工具按钮 ▢，进入 Simulation Settings 对话框，如图 2.58 所示。

图 2.58

（2）仿真类型及参数设置如下（见图 2.58）：

①Analysis type 下拉菜单选中"DC Sweep"；

②Options 下拉菜单选中"Primary Sweep"；

③Sweep variable 项选中"Voltage source"，并在 Name 栏键入"v1"；

④Sweep type 项选中"Linear"，并在 Start 栏键入"0"、End Value 栏键入"10"及 Increment 栏键入"1"。

以上各项填完之后，按 确定 按钮，即可完成仿真分析类型及分析参数的设置。

3. 电路仿真分析及分析结果的输出

点击工具按钮 ▶，即可在启动的 PSpice A/D 视窗中自动显示探针符号放置处的电压波形，如图 2.59 所示。

【**例 2.3**】　电路如图 2.60 所示，$\dot{I}_S = 1\angle 0°\,\text{A}$，$R_1 = 1\,\text{k}\Omega$。利用 PSpice 求频率从 1 kHz 到 100 kHz 的 $\dot{U}_R$ 的频率特性。

仿真步骤如下。

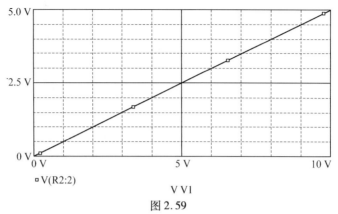

图 2.59

1. 绘制电路图

（1）按 ■开始 按钮，点击程序 /OrCAD 15.7 Demo/OrCAD Capture CIS Demo，进入 Capture 电路图编辑界面。

（2）在 ANALOG 库中选取电容 C、电感 L、电阻 R 符号；在 SOURCE 库中选取交流电流源 IAC 符号。

（3）连线，放置节点、接地符号。

（4）按图 2.60 设置各元件和电源参数。

（5）放置节点电压探针。

绘制好的电路图如图 2.61 所示。

2. 确定分析类型及设置分析参数

点击工具按钮 ▯，在 New Simulation 对话框中键入项目名称，按"Create"按钮，进入 AC 分析参数设置框。

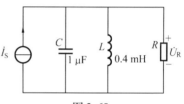

图 2.60

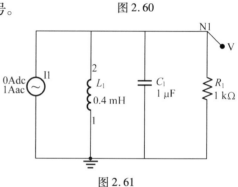

图 2.61

Analysis type 选择"AC Sweep/Noise"，Options 选择"General Settings"，AC Sweep Type 选择"Logarithmic/Decade"，并在 Start Frenguency 栏键入"1k"、End Frenguency 栏键入"100k"、Points/Decade 栏键入"50"，如图 2.62

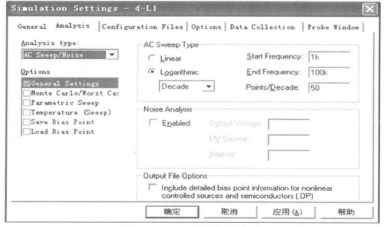

图 2.62　AC 分析参数设置

所示。设置完毕,点击 确定 按钮。

3. 电路仿真分析及分析结果的输出

点击工具按钮 ▶ ,即可在启动的 PSpice A/D 视窗中自动显示探针符号放置处的电压波形(幅频特性),如图 2.63 所示。

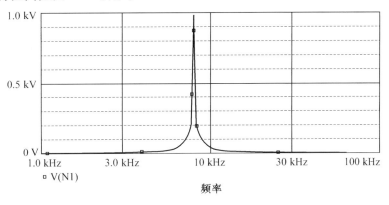

图 2.63

在 Probe 窗口中选择 Plot/Add plot to Window,在当前屏幕上添加一个新的波形显示窗口。在新增的窗口中,点击工具按钮 ⩔ ,在 Add Trace 对话框中先点击右侧的函数 P( ),再点击左侧的基本变量 V(N1),则屏幕显示节点电压 V(N1)相频特性曲线(其中 d 表示度),如图 2.64 所示。

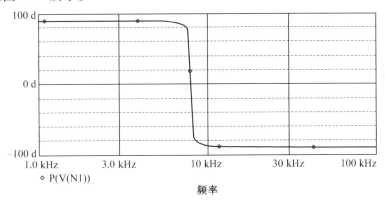

图 2.64

【例 2.4】 电路如图 2.65 所示,$R_1 = 2$ kΩ,$C_1 = 0.1$ μF。当电源为如图 2.66 所示波形时,观察电容的充放电过程。

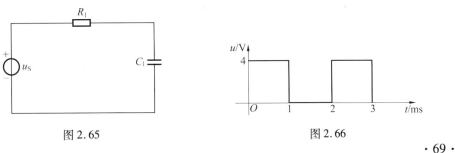

图 2.65　　　　　　　　　　　　　　　　图 2.66

仿真步骤如下。

1. 绘制电路图

（1）按 开始 按钮，点击程序 /OrCAD 15.7 Demo/OrCAD Capture CIS Demo，进入 Capture 电路图编辑界面。

（2）在 SOURCE 库中调用脉冲源 VPULSE，在 ANALOG 库中调用电阻 R、C。

（3）放置接地符号。

（4）连接线路。

（5）设置节点别名 n1，设置图中元器件参数值。

绘好的电路如图 2.67 所示。

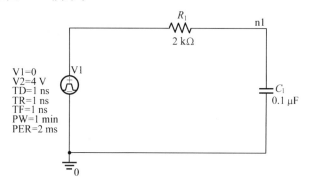

图 2.67

2. 确定分析类型及设置分析参数

（1）点击工具按钮 ，在 New Simulation 对话框中键入项目名称，按 Create 按钮，进入 Simulation Settings 对话框。

（2）Simulation Settings 中的各项设置如图 2.68 所示。

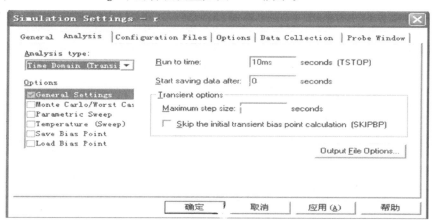

图 2.68

①Analysis type 选择"Time Domain(Transient)"。

②Options 选择"General Settings"。

③ 在 Run to time 栏键入"10ms",Start saving data after 栏键入"0"。

设置完毕,点击 确定 按钮。

3.电路仿真分析及分析结果的输出

(1) 点击工具按钮▶,调用 PSpice A/D 软件对该电路图进行仿真。

(2) 点击工具按钮 ,在 Add Trace 对话框中点击 V(n1) 后,按 OK 按钮,屏幕显示电容电压的仿真结果如图 2.69 所示。

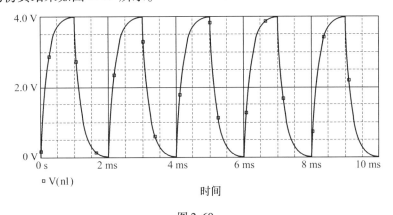

□ V(nl)

时间

图 2.69

四、实验内容

(1) 图 2.70 中,直流电流源 $I_s = 1$ A,直流电压源 $U_s = 1.5$ V,电阻 $R_1 = 4\ \Omega$,$R_2 = 4\ \Omega$,$R_3 = 4\ \Omega$,$R_4 = 4\ \Omega$。求节点 a 的电位及电阻 R_1 的吸收功率。

结论:节点 a 的电位为_____,R_1 的吸收功率为_____。

(2) 电路如图 2.71 所示,当直流电压源由 1 V 连续变化到 5 V 时,用仿真分析方法求图中节点 n 的电压变化曲线,并绘在坐标纸中。

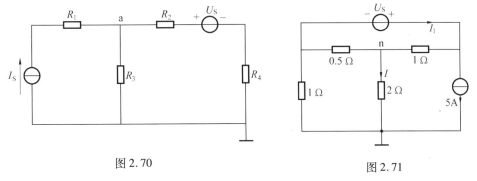

图 2.70

图 2.71

(3)电路如图 2.72 所示,$\dot{U}_s = 10\angle 0°$V,频率变化范围为 100 Hz ~ 10 kHz。试对该电

路进行仿真分析,并解答下列问题:

① 绘制电压 $\dot{U}_{n2}$ 的幅频特性及相频特性曲线。

② 通过幅频特性求得频率 $f =$ _____ 时,电压 $\dot{U}_{n2}$ 的幅值最大,为 _____。

③ 通过相频特性求出 $\dot{U}_{n2}$ 幅角随频率变化的范围,为 _____。

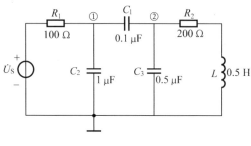

图 2.72

（4）实验电路如图 2.65 所示,电源波形如图 2.66 所示,$R_1 = 1 \text{ k}\Omega$,$C_1 = 0.1 \ \mu\text{F}$,用仿真方法求 $u_R(t)$ 的变化曲线,并在坐标纸中绘制波形。改变 R 或 C,观察 $u_R(t)$ 怎样变化,总结其变化规律。

五、实验预习要求

（1）预习用 Capture 软件绘制电路图的有关内容。

（2）预习直流工作点及直流扫描分析的设置方法。

（3）预习交流频率特性分析参数的设置方法。

（4）预习对动态电路进行时域分析的方法及扫描类型的设置。

六、实验报告要求

（1）保存仿真实验电路图及仿真输出波形结果或数据结果。按照实验内容的要求,对仿真结果进行整理、分析,做出结论。

（2）根据仿真结果,定性画出各实验内容的波形曲线。

七、思考题

（1）总结利用 PSpice 对电路进行仿真分析的基本过程。

（2）仿真电路图中,如果没有放置接地符号是否可以进行仿真计算?

（3）设定仿真分析参数时,如果扫描变量的扫描范围被设定得过大或过小,仿真结果会出现什么问题?

第3章

电 子 技 术

实验 1　常用电子仪器仪表的使用

一、实验目的

（1）掌握用双踪示波器观察、测量波形的幅值、频率及相位的基本方法。

（2）学习和掌握函数信号发生器、示波器、交流毫伏表等电子仪器的主要性能及技术指标。

（3）掌握常用电子仪器仪表综合应用的测量方法。

二、实验设备与器件

（1）函数信号发生器：1 台。

（2）双踪示波器：1 台。

（3）交流毫伏表：1 台。

三、实验原理

在电子技术基础实验中，最常用的电子仪器有直流稳压电源、交流毫伏表、函数信号发生器、示波器等。电子技术电路中常用电子仪器布局如图 3.1 所示。

1. 直流稳压电源

直流稳压电源是为被测实验电路提供能源的仪器，通常输出直流电压。

2. SG1020A 函数信号发生器

函数信号发生器是用来产生信号源的仪器，可以产生正弦波、三角波、方波等信号，输出的信号（频率和幅度）均可调节，可根据被测电路的要求选择输出波形。

3. GOS － 620 双踪示波器

双踪示波器用来观察、测量实验电路的输入和输出信号。通过示波器可以显示电压的波形，可以测量频率、周期及其他有关参数。

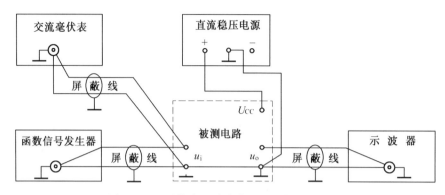

图 3.1　电子技术电路中常用电子仪器布局图

四、实验内容

1. 用机内校正信号对示波器进行自检

（1）扫描基线调节

将示波器的显示方式开关置于"单踪"显示（CH1 或 CH2），输入耦合方式开关置于"GND"，触发方式开关置于"自动"。开启电源开关后，调节"辉度"、"聚焦"等旋钮，使荧光屏上显示一条细而且亮度适中的扫描基线。然后调节"X 轴位移"（⇆）和"Y 轴位移"（↑↓）旋钮，使扫描线位于屏幕中央，并且能上下左右移动自如。

（2）测试"校正信号"波形的幅度、频率

将示波器的"校正信号"通过探头引入选定的通道（CH1 或 CH2），将 Y 轴输入耦合方式开关置于"AC"或"DC"，触发源选择开关置于"内"，内触发源选择开关置于"CH1"或"CH2"。调节 X 轴"扫描速率"开关（TIME/div）和 Y 轴"输入灵敏度"开关（VOLTS/div），使示波器显示屏上显示出一个周期稳定的方波波形，将数据填入表 3.1 中。

表 3.1　用示波器内部校正信号自检示波器数据

"扫描速率"开关 TIME/div 位置	波形 X 方向格数	周期 T	频率 f	Y 轴"输入灵敏度"开关（VOLTS/div）位置	波形 Y 方向格数	幅度 V

由"扫描开关"所指值（TIME/div）和一个波形周期的格数决定信号周期 T，即

$$周期\ T = 所占格数 × (TIME/div)$$

由"幅度开关"所指值（VOLTS/div）和波形在垂直方向显示的格数决定信号幅值，即

$$峰-峰值\ V_{P-P} = 所占格数 × (VOLTS/div)$$

注意：将 Y 轴"输入灵敏度"开关（VOLTS/div）的套轴旋钮微调慢旋到校准位置，即顺时针旋到底，此时即是测得的校准信号。

2. 用示波器测量直流电压

（1）选择零电平参考基准线

将 Y 轴输入耦合方式开关置"GND"，调节 Y 轴位移旋钮，使扫描线对准屏幕某一条水平线，则该水平线为零电平参考基准线。

（2）再将耦合方式开关置"DC"位置,灵敏度微调旋钮置"校准"位置。

（3）接入被测直流电压,调节灵敏度旋钮,使扫描线处于适当高度位置。

（4）读取扫描线在 Y 轴方向偏移零电平参考基准线的格数,则被测直流电压 V 为

$$V = 偏移格数 \times (V/\text{div})$$

3. 用示波器测量交流电压

（1）用函数信号发生器产生输出信号。按下函数信号发生器"函数"功能键，可以进入【函数】主功能模式下,选择"正弦"。按下$\boxed{频率}$功能键,在【频率】主功能模式下,设定输出信号频率（见图3.2）,使输出频率为 10 kHz。按下$\boxed{幅度}$功能键,在【幅度】主功能模式下,设定输出信号幅度,

图 3.2

使输出信号峰 – 峰值分别为 2 V、3 V、4 V、5 V 的正弦波信号,用示波器测量其峰 – 峰值 $V_{\text{p-p}}$、频率、周期,并计算其有效值,记入表3.2 中。

由"扫描开关"所指值（TIME/div）和一个波形周期的格数决定信号周期 T,即

$$周期\ T = 所占格数 \times (\text{TIME/div})$$

由"幅度开关"所指值（VOLTS/div）和波形在垂直方向显示的格数决定信号幅值,即

$$峰 – 峰值\ V_{\text{p-p}} = 所占格数 \times (\text{VOLTS/div})$$

$$信号有效值 = 峰 – 峰值 / \sqrt{2}$$

表 3.2　示波器测量交流电压数据表

函数信号发生器显示的峰 – 峰值 /V（$f = 10$ kHz）	用示波器测量			
	峰 – 峰值 $V_{\text{p-p}}$/V	周期	频率	计算有效值 V_{rms}
2				
3				
4				
5				

（2）用函数信号发生器产生频率为 100 Hz 的方波,使输出信号峰 – 峰值分别为 2 V、1 V、500 mV,用示波器测量其峰 – 峰值 $V_{\text{p-p}}$、频率、周期,并计算其有效值,记入表 3.3 中。

表 3.3　示波器测量交流电压数据表

函数信号发生器显示的峰 – 峰值 /V（$f = 100$ kHz）	用示波器测量			
	峰 – 峰值 $V_{\text{p-p}}$/V	周期	频率	计算有效值 V_{rms}
2 V				
1 V				
500 mV				

4. 用交流毫伏表测量交流电压

用函数信号发生器产生频率 $f=1\text{ kHz}$，幅度峰－峰值分别为 1 V、2 V、3 V、4 V、5 V 时的波形，用交流毫伏表分别测量出相应的电压值（有效值），记入表 3.4 中。

表 3.4　用交流毫伏表测量交流电压数据表

函数信号发生器产生的信号幅度（峰－峰值）/V		1	2	3	4	5
交流毫伏表测量电压	有效值/V					
	峰－峰值/V					

五、实验预习要求

预习第 1 章 1.5 节、1.6 节、1.7 节常用仪器、仪表及其使用。掌握 SG1020P 函数信号发生器、DF2170C 交流毫伏表、GOS－620 双踪示波器等仪器前面板的旋钮名称、功能及作用。

六、实验报告要求

总结函数信号发生器、交流毫伏表、双踪示波器等常用电子仪器的使用方法。

七、思考题

（1）用示波器观察信号波形时，要达到下面的要求，应分别调整哪些旋钮？
① 使波形清晰；
② 波形稳定；
③ 改变能观察到的波形的个数；
④ 改变波形的高度；
⑤ 改变波形的宽度。
（2）示波器的 Y 轴输入在什么情况下用交流耦合，什么情况下用直流耦合？
（3）函数信号发生器的波形选择按钮调至正弦波时，输出必定是正弦波吗？

实验 2　单管共发射极放大电路

一、实验目的

（1）掌握放大电路静态工作点的调试与测量方法。
（2）掌握放大器电压放大倍数、输入电阻、输出电阻及最大不失真输出电压的测试方法。
（3）分析静态工作点对放大器性能的影响。
（4）观察放大电路静态工作点的设置与波形失真的关系。
（5）熟悉常用电子仪器及模拟电路实验设备的使用。

二、实验设备与器件

（1）模拟实验箱：1 台。

（2）函数信号发生器：1 台。

（3）双踪示波器：1 台。

（4）交流毫伏表：1 台。

（5）数字万用表：1 个。

三、实验原理

图3.3 为共射极分压式偏置放大器实验电路图。它的偏置电路采用 R_{B1} 和 R_{B2} 组成的分压电路，其中通过改变电位器 R_{W1} 来改变 R_{B2} 的值，进而调整静态工作点，并在发射极中接有电阻 R_{E1}，以稳定放大器的静态工作点。当在放大器的输入端加输入信号 u_i 后，在放大器的输出端便可得到一个与 u_i 相位相反，幅值被放大了的输出信号 u_o，从而实现了电压放大。

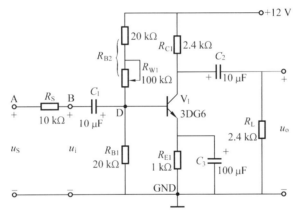

图 3.3　共射极分压式偏置放大器实验电路

在图3.3所示电路中，当流过偏置电阻 R_{B1} 和 R_{B2} 的电流远大于晶体管 V_1 的基极电流 I_B 时（一般为 5 ~ 10 倍），则它的静态工作点可用下式估算

$$U_D = \frac{R_{B1}}{R_{B1} + R_{B2}} V_{CC}$$

$$I_{E1} = \frac{U_D - U_{BE}}{R_{E1}} \approx I_{C1}$$

$$U_{CE} = V_{CC} - I_{C1}(R_{C1} + R_{E1})$$

电压放大倍数

$$A_u = -\beta \frac{R_{C1} /\!/ R_{L1}}{\gamma_{be}}$$

输入电阻

$$R_i = R_{B1} /\!/ R_{B2} /\!/ r_{be}$$

输出电阻

$$R_o \approx R_{C1}$$

放大器的测量与调试一般包括:放大器静态工作点的测量与调试、放大器各项动态参数的测量与调试。

1. 静态工作点

（1）静态工作点的选取与调整

放大器的静态工作点是由三极管和放大器的偏置电路共同决定的,它的选取十分重要,静态工作点是否合适,对放大器的性能和输出波形都有很大影响。如工作点偏高,放大器在加入交流信号以后易产生饱和失真,对 NPN 管而言,此时 u_o 的负半周将被削底,如图 3.4(a) 所示;如工作点偏低则易产生截止失真;对 NPN 管而言,u_o 的正半周将被缩顶(一般截止失真不如饱和失真明显),如图 3.4(b) 所示。

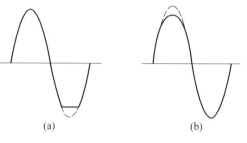

图 3.4 　静态工作点对 u_o 波形失真的影响

（2）静态工作点的测量

测量放大器的静态工作点,应在输入信号 $u_i = 0$ 的情况下进行,即将放大器输入端与地端短接,然后选用量程合适的直流毫安表和直流电压表,分别测量晶体管的集电极电流 I_C 以及各电极对地的电位 U_B、U_C 和 U_E。一般实验中,为了避免断开集电极,采用测量电压 U_E 或 U_C,然后算出 I_C 的方法,例如,只要测出 U_E,即可用 $I_C \approx I_E = \dfrac{U_E}{R_E}$ 算出 I_C(也可根据 $I_C = \dfrac{V_{CC} - U_C}{R_C}$,由 U_C 确定 I_C),同时也能算出

$$U_{BE} = U_B - U_E, \quad U_{CE} = U_C - U_E$$

2. 放大器动态指标测试

放大器动态指标包括电压放大倍数、输入电阻、输出电阻、最大不失真输出电压(动态范围)和通频带等。

（1）电压放大倍数 A_u 的测量

图 3.3 所示的放大电路的动态负载电阻为 $R_c \mathbin{/\mkern-5mu/} R_L$(忽略晶体管的输出电阻 r_{ce}),放大电路的电压放大倍数

$$A_u = -\beta \frac{R_c \mathbin{/\mkern-5mu/} R_L}{r_{be}}$$

上式中的负号表示输出电压 u_o 与输入电压 u_i 的相位相反。当放大电路输出端开路时,电压放大倍数比接负载 R_L 时高。此外,负载 R_L 越小,则电压放大倍数越低。

在实验中,对于电压放大倍数的测量,应先调整放大器到合适的静态工作点,然后再加入输入电压 u_i,在输出电压 u_o 不失真的情况下,用交流毫伏表测出 u_i 和 u_o 的有效值 U_i 和 U_o,则

$$A_u = \frac{U_o}{U_i}$$

（2）输入电阻 R_i 的测量

输入电阻 R_i 的测量采用间接测量方法,测量电路如图 3.5 所示。放大电路对信号源来说,是一个负载,可用一个电阻来等效代替。这个电阻是信号源的负载电阻,也就是放大电路的输入电阻 R_i,它对交流信号而言是一个动态电阻。

测量方法为,在被测放大器的输入端与信号源之间串入一已知电阻 R,用交流毫伏表测出 U_S 和 U_i,则根据输入电阻的定义可得

$$R_i = \frac{U_i}{I_i} = \frac{U_i}{\dfrac{U_R}{R}} = \frac{U_i}{U_S - U_i} R$$

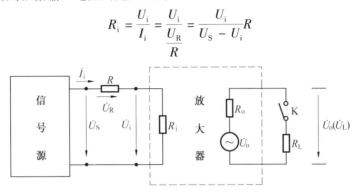

图 3.5　输入、输出电阻测量电路

测量时应注意下列几点:

① 由于电阻 R 两端没有电路公共接地点,所以测量 R 两端电压 U_R 时必须分别测出 U_S 和 U_i,然后按 $U_R = U_S - U_i$ 求出 U_R 值。

② 电阻 R 的值不宜取得过大或过小,以免产生较大的测量误差,通常取 R 与 R_i 为同一数量级为好,本实验可取 $R = 1 \sim 2$ kΩ。

（3）输出电阻 R_o 的测量

输出电阻的测量也采用间接测量方法,测量电路如图 3.5 所示。放大电路对负载(或后级放大电路)来说,是一个信号源,其内阻即为放大电路的输出电阻 R_o,它是一个动态电阻。在放大器正常工作条件下,测出输出端不接负载 R_L 的输出电压 U_o 和接入负载后的输出电压 U_L,根据

$$U_L = \frac{R_L}{R_o + R_L} U_o$$

即可求出

$$R_o = \left(\frac{U_o}{U_L} - 1 \right) R_L$$

在测试中应注意,必须保持 R_L 接入前后输入信号的大小不变。

（4）放大器幅频特性的测量

由于放大器件本身存在极间电容,还有一些放大电路中接有电抗性元件,因此,放大电路的放大倍数将随着信号的频率的变化而变化。一般情况下,当频率升高或降低时,放大倍数都将减小,而在中间一段频率范围内,因各种电抗性元件作用可以忽略,故放大倍数基本不变,用放大器幅频特性来表示放大器的电压放大倍数 A_u 与输入信号频率 f 之间的关系,单管阻容耦合放大电路的幅频特性曲线如图 3.6 所示,A_{um} 为中频电压放大倍数,

通常规定电压放大倍数随频率变化下降到中频放大倍数的 70.7%，即 $0.707A_{um}$ 所对应的频率分别称为下限频率 f_L 和上限频率 f_H，则通频带 $f_{BW} = f_H - f_L$，通频带越宽，表明放大电路对信号频率的变化具有越强的适应能力。

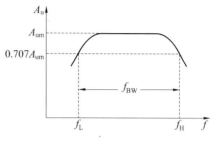

图 3.6　幅频特性曲线

放大器的幅频特性就是测量不同频率信号时的电压放大倍数 A_u。为此，可采用前述测 A_u 的方法，每改变一个信号频率，测量其相应的电压放大倍数，测量时应注意取点要恰当，在低频段与高频段应多测几点，在中频段可以少测几点。此外，改变频率时，要保持输入信号的幅度不变，且输出波形不得失真。

四、实验内容

1. 静态工作点的调整与测量

在单管／负反馈两级放大器的面板上，按图 3.3 连接电路。

测量放大器的静态工作点，应在输入信号 $u_S = 0$ 的情况下进行（A 点接地），即将放大器输入端与地端短接，再将 R_{W1} 调至最大，接通 + 12 V 电源、调节 R_{W1}，使 $I_C = 2.0$ mA（即 $U_E = 2.0$ V，用万用表直流电压挡测量 U_E，使 $U_E = 2.0$ V），再用万用表的直流电压挡测量 U_B、U_C 及用万用表欧姆挡测量 R_{B2} 值。记入表 3.5。

注意：测 R_{B2} 时，一定要断开电源，且将 R_{B2} 的一端与电路断开。

表 3.5　静态工作点数据表　　$I_C = 2$ mA

万用表测量值				计　算　值		
U_B/V	U_E/V	U_C/V	R_{B2}/kΩ	U_{BE}/V	U_{CE}/V	I_C/mA

2. 放大电路动态参数测试

（1）测量电压放大倍数 A_u

在放大器输入端加入频率为 1 kHz 的正弦信号 u_i，调节函数信号发生器的幅度旋钮使放大器输入电压 $U_i \approx 20$ mV（用毫伏表测量），同时用示波器观察放大器输出电压 u_o 波形，在波形不失真的条件下用交流毫伏表测量下述三种情况下的 U_o 值，并用双踪示波器观察 u_o 和 u_i 的相位关系，记入表 3.6 中。

表 3.6　测量放大倍数数据表　　$I_c = 2.0$ mA

U_i/mV	R_C/kΩ	R_L/kΩ	U_o/mV	A_u	观察记录一组 u_o 和 u_i 波形
20	2.4	∞（R_L 断开）			
20	1.2	∞（R_L 断开）			
20	2.4	2.4			

（2）测量输入电阻 R_i 和输出电阻 R_o

置 $R_C = 2.4\ kΩ$，$R_L = 2.4\ kΩ$，$I_C = 2.0\ mA$，信号发生器的输出与放大电路的 u_S 端相连（A 端），输入 $f = 1\ kHz$ 的正弦信号，用示波器观察放大电路的输出信号 u_o，在其不失真的情况下，用交流毫伏表测量放大电路的 B 端信号 U_i 和 A 端信号 U_S，输出电压 U_L 记入表 3.7 中。保持 U_S 不变，断开 R_L（取下电阻 2.4 kΩ），测量输出电压 U_o，记入表 3.7 中。

表 3.7　测量输入电阻和输出电阻数据表

U_S/mV	U_i/mV	R_i/kΩ		U_L/mV	U_o/mV	R_i/kΩ	
		测量值	理论值			测量值	理论值

利用下边的公式计算输入电阻和输出电阻：

$$R_i = \frac{U_i}{U_S - U_i} R_S ; \quad R_o = \left(\frac{U_o}{U_L} - 1 \right) R_L$$

3. 观察静态工作点对输出波形失真的影响

（1）置 $R_C = 2.4\ kΩ$，$R_L = 2.4\ kΩ$，$u_i = 0$，调节 R_W 使 $I_C = 2.0\ mA$（测 $U_E = 2\ V$，即静态工作点在交流负载线中点），测出 U_B、U_C，计算出 U_{CE} 值，记入表 3.8 中。

（2）输入 $f = 1\ kHz$，$U_i = 120\ mV$ 的正弦信号，逐步加大输入信号，使输出电压 u_o 足够大但不失真，然后保持输入信号 U_i 不变（用毫伏表测量此时的 U_i 值），记下 U_i 值。

（3）增大 R_W，使工作点位置偏低，产生截止失真，绘出 u_o 的波形，并测出失真情况下的 I_C 和 U_{CE} 值，记入表 3.8 中。

注：每次测 I_C 和 U_{CE} 值时都要将放大电路输入端短路，$u_i = 0$。

（4）减小 R_W，使工作点位置偏高，产生饱和失真，绘出 u_o 的波形，并测出失真情况下的 I_C 和 U_{CE} 值，记入表 3.8 中。

表 3.8　静态工作点对输出波形失真影响数据表　$U_i =$ 　　 mV

工作点位置	U_C/V	U_E/V	I_C/mA	U_{CE}/V	u_o 波形
R_W 数值适中，工作点位置合适，输出无失真		2	2.0		
R_W 数值太大，工作点位置偏低，输出产生截止失真					
R_W 数值太小，工作点位置偏高，输出产生饱和失真					

注：输出幅度最大且不失真时，I_C 不一定就是 2 mA。

4. 测量放大电路的幅频特性,标出低频截止频率 f_L 和高频截止频率 f_H

取 $I_C = 2.0$ mA(测 $U_E = 2$ V 即静态工作点在交流负载线中点), $R_C = 2.4$ kΩ, $R_L = 2.4$ kΩ, 保持输入信号 u_i 的幅度不变(测量过程中始终用晶体管毫伏表监测输入电压,保持输入信号的有效值为20 mV),以 $f = 1$ kHz 为基本频率,分别向上和向下调节频率,逐点测出相应的输出电压 U_o,记入表3.9中。

表3.9　测量幅频特性数据表　$U_i = 20$ mV

		f_L		f_o			f_H	
f/kHz				1 kHz				
U_o/V								
$A_u = U_o/U_i$								

为了信号源频率取值合适,可先粗测一下,找出中频范围,即输出电压 U_o 不减小的频率范围,然后再仔细读数,中频范围约为1 kHz。

五、实验预习要求

(1)复习单管共射极放大电路的基本理论(静态工作点,电压放大倍数,非线性失真,输入、输出电阻及幅频特性等)。

(2)阅读实验指导书,理解实验原理,了解实验步骤。

(3)估算放大器的静态工作点,电压放大倍数 A_u,输入电阻 R_i 和输出电阻 R_o。

估算放大器的低频截止频率 f_L 和高频截止频率 f_H。

假设:3DG6 的 $\beta = 100$, $R_{B1} = 20$ kΩ, $R_{B2} = 60$ kΩ, $R_C = 2.4$ kΩ, $R_L = 2.4$ kΩ。

六、实验报告要求

(1)列表整理测量结果,并把实测的静态工作点、电压放大倍数、输入电阻、输出电阻的值与理论计算值比较(取一组数据进行比较),分析产生误差的原因。

(2)总结 R_C、R_L 及静态工作点对放大器电压放大倍数、输入电阻、输出电阻的影响。

(3)分析静态工作点的位置对放大电路输出电压波形的影响,以及分压式偏置电路稳定静态工作点的原理。

(4)回答思考题。

七、思考题

(1)能否用直流电压表直接测量晶体管的 U_{BE}? 为什么实验中要采用测 U_B、U_E,再间接算出 U_{BE} 的方法?

(2)怎样测量 R_{B2} 阻值?

(3)改变静态工作点对放大器的输入电阻 R_i 是否有影响? 改变外接电阻 R_L 对输出电阻 R_o 是否有影响?

(4)能否用数字万用表测量放大电路的电压放大倍数和幅频特性? 为什么?

(5)放大电路的输入电阻、输出电阻是否可以用欧姆表测量? 为什么?

实验 3 射极跟随器

一、实验目的

（1）掌握射极跟随器的特性及测试方法。
（2）进一步学习放大器各项参数测试方法。

二、实验设备与器件

（1）模拟电路实验箱：1 台。
（2）函数信号发生器：1 台。
（3）双踪示波器：1 台。
（4）交流毫伏表：1 台。
（5）万用表：1 块。
（6）电阻：若干。

三、实验原理

图 3.7 是一个共集组态的单管放大电路，输入信号和输出信号的公共端是三极管的集电极，所以属于共集组态。又由于输出信号从发射极引出，因此这种电路也称为射极输出器，它是一个电压串联负反馈放大电路，它具有输入电阻高，输出电阻低，电压放大倍数接近于 1，输出电压能够在较大范围内跟随输入电压作线性变化以及输入、输出信号同相等特点。

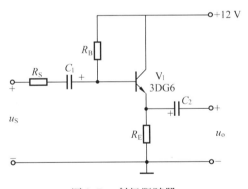

图 3.7　射极跟随器

1. 静态工作点

实验中，可在静态（$U_i = 0$，即输入信号对地短路）时测得晶体管 V_1 的各电极电位 U_E、U_C、U_B，然后由下列公式计算出静态工作点的各个参数：

$$U_{BE} = U_B - U_E$$

$$I_B = \frac{V_{CC} - U_{BE}}{R_B + (1 + \beta)R_E}$$

$$I_C \approx \beta I_B$$
$$U_{CE} = V_{CC} - I_E R_E \approx V_{CC} - I_C R_E$$

2. 放大电路动态性能指标

（1）输入电阻 R_i

输入电阻的测试方法同单管放大器，实验线路如图 3.8 所示。

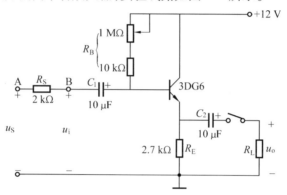

图 3.8　射极跟随器实验电路

$$R_i = \frac{U_i}{I_i} = \frac{U_i}{U_S - U_i} R$$

即只要测得 A、B 两点的对地电位即可计算出 R_i。

（2）输出电阻 R_o

输出电阻 R_o 的测试方法亦同单管放大器，即先测出空载输出电压 U_o，再测接入负载 R_L 后的输出电压 U_L，根据

$$U_L = \frac{R_L}{R_o + R_L} U_o$$

即可求出 R_o

$$R_o = \left(\frac{U_o}{U_L} - 1 \right) R_L$$

（3）电压放大倍数

$$A_u = \frac{(1 + \beta)(R_E /\!/ R_L)}{r_{be} + (1 + \beta)(R_E /\!/ R_L)} \leqslant 1$$

上式说明射极跟随器的电压放大倍数小于等于 1，且为正值。这是深度电压负反馈的结果。但它的射极电流仍比基流大 $(1 + \beta)$ 倍，所以它具有一定的电流和功率放大作用。

放大倍数 A_u 和 A_{us} 可通过测量 U_s、U_i、U_o 的有效值，计算求出：

$$A_u = \frac{U_o}{U_i}$$

$$A_{us} = \frac{U_o}{U_s}$$

四、实验内容

按图 3.8 组接射极输出器实验电路。

1. 静态工作点的调整

接通 + 12 V 直流电源,在 B 点加入 $f = 1$ kHz 正弦信号 u_i,输出端用示波器监视输出波形,反复调整 R_W 及信号源的输出幅度,使在示波器的屏幕上得到一个最大不失真输出波形,然后置 $u_i = 0$,用直流电压表测量晶体管各电极对地电位,将测得数据记入表 3. 10 中。

表 3. 10　静态工作点数据表

测 量 值			计 算 值		
U_B/V	U_C/V	U_E/V	U_{BE}/V	U_{CE}/V	I_E/mA

在下面整个测试过程中应保持 R_W 值不变(即保持静态工作点 I_E 不变)。

2. 测量电压放大倍数 A_u

接入负载 $R_L = 1$ kΩ,在 A 点加 $f = 1$ kHz 正弦信号 u_S,调节输入信号幅度,用示波器观察输出波形 u_o,在输出最大不失真情况下,用交流毫伏表测 U_i、U_L 值,记入表 3. 11 中。

表 3. 11　放大倍数测量数据表

测 量 值			计 算 值	
U_i/V	U_s/V	U_L/V	A_u	A_{us}

3. 测量输出电阻 R_o 和输入电阻 R_i

接上负载 $R_L = 1$ kΩ,在 B 点加 $f = 1$ kHz 正弦信号 u_i,用示波器监视输出波形,测空载输出电压 U_o,有负载时输出电压 U_L,记入表 3. 12 中。

在 A 点加 $f = 1$ kHz 的正弦信号 u_S,用示波器监视输出波形,用交流毫伏表分别测出 A、B 点对地的电位 U_S、U_i,记入表 3. 12 中。

表 3. 12　输入与输出电阻数据表

U_S/V	U_i/V	$R_i/kΩ$	U_L/V	U_o/V	$R_o/Ω$

4. 测试跟随特性

接入负载 $R_L = 1$ kΩ,在 B 点加入 $f = 1$ kHz 正弦信号 u_i,逐渐增大信号 u_i 幅度,用示波器监视输出波形直至输出波形达最大不失真,测量对应的 U_L 值,记入表 3. 13 中。

表 3. 13　跟随特性数据表

U_i/V				
U_L/V				

5. 测试频率响应特性

保持输入信号 u_i 的幅度不变(测量过程中始终用晶体管毫伏表监测输入电压,保持输入信号的有效值为 100 mV），以 $f = 1$ kHz 为基本频率，分别向上和向下调节频率，用毫伏表测量不同频率下的输出电压 U_L，记入表 3.14 中。

表 3.14　测试幅频特性数据表　$U_i =$ 　mV

		f_L			f_o			f_H	
f/kHz					1 kHz				
U_L/V									
$A_u = U_o/U_i$									

五、实验预习要求

（1）复习教材中有关射极输出器的工作原理，掌握射极输出器的性能特点，并了解其在电子线路中的应用。

（2）根据图 3.8 的元件参数值估算静态工作点，并画出交、直流负载线。

六、实验报告要求

（1）列表整理结果，把实测的静态工作点、动态参数与理论计算值进行比较，分析误差产生原因。

（2）说明射极输出器的应用。

七、思考题

（1）测量放大器静态工作点时，如果测得 $U_{CE} < 0.5$ V，说明晶体管处于什么工作状态？如果测得 $U_{CE} \approx U_{CC}$，说明晶体管又处于什么工作状态？

（2）实验电路中，偏置电阻 R_B 起什么作用？有 R_W，是否可以去掉 R_B？为什么？

实验 4　负反馈放大器

一、实验目的

（1）熟悉和掌握负反馈放大器开环动态参数测试。

（2）熟悉和掌握负反馈放大器闭环动态参数测试。

（3）加深理解负反馈对放大电路性能的影响。

二、实验设备与器件

（1）模拟电路实验箱：1 台。

（2）函数信号发生器：1 台。

（3）双踪示波器：1 台。

（4）交流毫伏表：1 台。

（5）万用表：1 块。

三、实验原理

负反馈在电子电路中有着非常广泛的应用,引入负反馈后,放大电路的许多性能得到了改善,如提高放大倍数的稳定性,减少非线性失真和抑制干扰,展宽频带以及根据实际工作的要求改变电路的输入、输出电阻等。

负反馈放大器有四种组态,即电压串联、电压并联、电流串联、电流并联。本实验以电压串联负反馈为例,分析负反馈对放大器各项性能指标的影响。

1. 放大器的主要性能指标

图 3.9 为带有负反馈的两级阻容耦合放大电路,在电路中通过 R_f 把输出电压 u_o 引回到输入端,加在三极管 T_1 的发射极上,在发射极电阻 R_{F1} 上形成反馈电压 u_f。根据反馈的判断法可知,它属于电压串联负反馈。

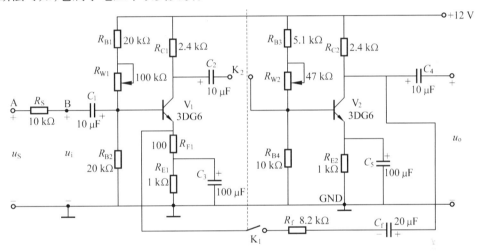

图 3.9　带有电压串联负反馈的两级阻容耦合放大器

主要性能指标如下:

(1)闭环电压放大倍数

$$A_f = \frac{A}{1 + AF}$$

其中,$A = \dfrac{U_o}{U_i}$ 为基本放大器(无反馈)的电压放大倍数,即开环电压放大倍数;$1 + AF$ 为反馈深度,它的大小决定了负反馈对放大器性能改善的程度。

(2)反馈系数

$$F = \frac{R_{F1}}{R_f + R_{F1}}$$

(3)输入电阻

$$R_{if} = (1 + AF) R_i$$

其中,R_i 为基本放大器(开环)的输入电阻。

(4)输出电阻

$$R_{of} = \frac{1}{1+AF}R_o$$

其中，R_o 为基本放大器(开环)的输出电阻。

2. 基本放大器实验图

本实验还需要测量开环放大器的动态参数，怎样实现无反馈而得到基本放大器呢？不能简单地断开反馈支路，而是既要去掉反馈作用，但又要把反馈网络的影响(负载效应)考虑到基本放大器中。因此：

(1)在画基本放大器的输入回路时，因为是电压负反馈，所以可将负反馈放大器的输出端交流短路，即令 $u_o = 0$，此时 R_f 相当于并联在 R_{F1} 上。

(2)在画基本放大器的输出回路时，由于输入端是串联负反馈，因此需将反馈放大器的输入端(V_1 管的射极)开路，此时($R_f + R_{F1}$)相当于并接在输出端。可近似认为 R_f 并接在输出端。

根据上述原则，就可得到所要求的如图 3.10 所示的无反馈的两级基本放大器。

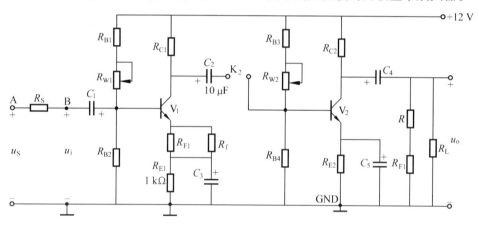

图 3.10　无反馈的两级基本放大器

3. 电压串联负反馈对放大电路性能的影响

(1)引入负反馈电压放大倍数 A_{uf}，A_{uf} 是开环时的电压放大倍数 A_u 的 $\dfrac{1}{1+AF}$。

$$A_f = \frac{A}{1+AF} \approx \frac{1}{F}$$

(2)负反馈将放大倍数的稳定性提高($1+AF$)倍。

在输入信号一定的情况下，当电路参数变化、电源电压波动或负载发生变化时，由于引入负反馈，放大电路输出信号的波动将大大减小，也就是说放大倍数的稳定性提高了。

引入负反馈后，放大倍数下降为原来的 $\dfrac{1}{1+AF}$，但放大倍数的稳定性提高了($1+AF$)倍。

(3)负反馈可扩展放大器的通频带

引入负反馈后，放大器闭环时的上、下限截止频率分别为

$$f_{Hf} = | 1 + AF | f_H$$

$$f_{Lf} = \frac{1}{|1 + AF|} f_L$$

可见，引入负反馈后，闭环下限频率 f_{Lf} 降低了，等于无反馈时的 $\frac{1}{|1+AF|}$，闭环上限频率 f_{Hf} 提高了，等于无反馈时的 $|1+AF|$ 倍，从而使通频带得以加宽。

（4）负反馈对输入电阻和输出电阻的影响

$$R_{if} = R_i(1 + AF)$$

$$R_{of} \approx \frac{R_o}{1 + AF}$$

可见，引入负反馈输入电阻增加 $(1+AF)$ 倍，输出电阻减小到 $\frac{1}{1+AF}$。

（5）负反馈能减小非线性失真

由于晶体管的非线性，使基本放大器的输出信号出现非线性失真，或输出信号中产生了高次谐波分量。引入负反馈后，谐波成分减小，因此，输出波形得到改善。

综上所述，在放大器中引入电压串联负反馈后，不仅可以提高放大器放大倍数的稳定性，还可以扩展放大器的通频带，提高输入电阻和降低输出电阻，减小非线性失真。

四、实验内容

图 3.9 为共射极单管放大器与带有负反馈的两级放大器共用实验模块。如将 K_1、K_2 断开，则前级（Ⅰ）为典型电阻分压式单管放大器；如将 K_1、K_2 接通，则前级（Ⅰ）与后级（Ⅱ）接通，组成带有电压串联负反馈两级放大器。

1. 测量静态工作点

在单管／负反馈两级放大器子板上按电路图连接电路，将 K_1 和 K_2 闭合，测量放大电路的最佳静态工作点。

（1）调试放大电路最佳静态工作点的步骤如下：

测量放大器的静态工作点，应在输入信号 $u_i = 0$ 的情况下进行（A 点接地），即将放大器输入端与地端短接，再将 R_{W1} 和 R_{W2} 调至最大，接通 +12 V 电源、调节 R_{W1}，使 $I_{E1} = 2.0$ mA（即 $U_E = 2.0$ V，用万用表直流电压挡测量 U_E，使 $U_E = 2.0$ V），再调节 R_{W2}，使 $I_{E2} = 2.0$ mA（即 $U_E = 2.0$ V，用万用表直流电压挡测量 U_E，使 $U_E = 2.0$ V）。

（2）用万用表的直流电压挡测量此时晶体管第一级、第二级的静态工作点，即各极 B、C 和 E 与 GND 之间的电位 U_{B1}、U_{C1}、U_{E1} 和 U_{B2}、U_{C2}、U_{E2}，记入表 3.15 中。

表 3.15　有反馈的两级放大电路静态工作点的测量

	测量值			计算值		
	U_B/V	U_C/V	U_E	U_{CE}	U_{BE}/V	I_C/mA
第一级						
第二级						

2. 测量开环时放大器动态参数

无反馈基本放大器实验电路如图 3.10 所示，K_1 断开，R_f 并联在第一级放大器发射极 R_{F1} 两端，然后，R_f 和 R_{F1} 串联起来与输出电阻 R_L 并联。

（1）测量开环时放大倍数 A_u，输入电阻 R_i 和输出电阻 R_o。

① 函数信号发生器的输出端与放大电路的 U_S 端（A 端）相连，产生 $f = 1$ kHz，约 10 mV 正弦信号输入放大电路 U_S 端，用示波器观察放大电路的输出信号，在其不失真的情况下，用交流毫伏表测量放大电路的输入信号 U_i（B 端）和负载输出电压 U_L，记入表 3.16 中。

② 保持 U_S 不变，断开负载 R_L，测量空载时的输出电压 U_o，记入表 3.16 中。

③ 计算输入电阻：$R_i = \dfrac{U_i}{U_S - U_i} R_S$，输出电阻 $R_o = \left(\dfrac{U_o}{U_L} - 1\right) R_L$，放大倍数 $A_u = \dfrac{U_o}{U_i}$，记入表 3.16 中。

表 3.16　开环时放大电路动态参数的测量

无反馈的两级放大器	测量值				计算值		
	U_S/mV （A 端）	U_i/mV （B 端）	U_o/V （$R_L = \infty$）	U_L/mV （$R_L = 2.4$ kΩ）	A_u （U_o/U_i）	$R_i/$ Ω	$R_o/$ kΩ

（2）测量开环时放大电路的通频带

接上负载 R_L（$R_L = 2.4$ kΩ），保持输入信号幅度 $U_S = 10$ mV 不变，调节函数信号发生器输出信号的频率，先增大信号频率，用交流毫伏表测量 U_o，使 U_o 下降到表 3.17 中测量值 U_o 的 70.7% 时，对应的频率为上限频率 f_H，按照同样的方法，再减小信号频率，使 U_o 等于表 3.17 中测量值 U_o 的 70.7% 时，对应的频率为下限频率 f_L，记入表 3.17 中。

表 3.17　开环时放大电路通频带测量

无反馈放大器	测量值		计算值
	f_L/kHz	f_H/kHz	$\Delta f/\text{kHz}$

3. 测试闭环时放大器动态参数

将实验电路按图 3.9 连接，即把 K_1 闭合，把并联在第一级放大器发射级 R_{F1} 两端的 R_f 拿掉，并联在负载电阻 R_L 两端的 R_f 和 R_{F1} 拿掉。

（1）测量闭环放大电路的放大倍数 A_{uf}，输入电阻 R_{if} 和输出电阻 R_{of}。

① 函数信号发生器的输出端与放大电路的 U_S 端（A 端）相连，产生 $f = 1$ kHz，约 10 mV（保证与无反馈时的 U_i 相同）正弦信号输入放大电路 U_S 端，用示波器观察放大电路的输出信号，在其不失真的情况下，用交流毫伏表测量放大电路的输入信号 U_i（B 端）和负载输出电压 U_L，记入表 3.18 中。

② 保持 U_S 不变，断开负载 R_L，测量空载时的输出电压 U_o，记入表 3.18 中。

③ 计算输入电阻：$R_{if} = \dfrac{U_i}{U_S - U_i} R_S$，输出电阻 $R_{of} = \left(\dfrac{U_o}{U_L} - 1 \right) R_L$，放大倍数 $A_{uf} = \dfrac{U_o}{U_i}$，记入表 3.18 中。

表 3.18　闭环放大电路动态参数的测量

负反馈放大器	测　量　值				计　算　值		
	U_S/mV （A 端）	U_i/mV （B 端）	U_o/V （$R_L \to \infty$）	U_L/mV （$R_L = 2.4\ k\Omega$）	A_u （U_o/U_i）	$R_i/$ Ω	$R_o/$ $k\Omega$

（2）测量闭环放大电路的通频带

保持 K_1 闭合，接上负载 $R_L (R_L = 2.4\ k\Omega)$，保持输入信号幅度 $U_S = 10\ mV$ 不变，调节函数信号发生器输出信号的频率，先增大信号频率，用交流毫伏表测量 U_o，使 U_o 下降到表 3.19 中测量值 U_o 的 70.7% 时，对应的频率为上限频率 f_H，按照同样的方法，再减小信号频率，使 U_o 等于表 3.19 中测量值 U_o 的 70.7% 时，对应的频率为下限频率 f_L，记入表 3.19 中。

表 3.19　闭环时放大电路通频带测量

负反馈放大器	测量值		计算值
	f_L/kHz	f_H/kHz	$\Delta f/kHz$

＊4. 观察负反馈对非线性失真的改善

（1）实验电路改接成开环放大器形式，在输入端加入 $f = 1\ kHz$ 的正弦信号，输出端接示波器，逐渐增大输入信号的幅度，使输出波形开始出现失真，记下此时的波形和输出电压的幅度（不失真的半波的幅度）。

（2）再将实验电路改接成负反馈放大器形式，增大输入信号幅度，使输出电压幅度的大小与（1）相同，比较有负反馈时，输出波形的变化。

五、实验预习要求

（1）复习电压串联负反馈的有关章节，熟悉电压串联负反馈电路的工作原理以及对放大电路性能的影响。

（2）按实验电路图 3.9 估算放大器的静态工作点。（取 $\beta_1 = \beta_2 = 100$）

（3）估算开环（无反馈）放大器的 A_u, R_i, R_o，闭环（有反馈）放大器的 A_{uf}, R_{if}, R_{of}，并验算它们之间的关系。（取 $\beta_1 = \beta_2 = 100$）

六、实验报告要求

（1）将无反馈（开环）放大电路和有负反馈（闭环）放大器动态参数的实测值和理论估算值列表进行比较。

（2）把表 3.16 开环时动态参数和表 3.18 闭环时动态参数的结果进行对比，把表 3.17 开环时放大电路通频带和表 3.18 闭环时放大电路通频带的测量结果进行对比，并验算它们之间的关系。

（3）根据上题中开环和闭环动态参数的对比，总结电压串联负反馈对放大器性能的影响。

（4）回答思考题。

七、思考题

（1）如按深负反馈估算，则闭环电压放大倍数 A_{uf} 的值是多少？和测量值是否一致？为什么？

（2）开环时 A_u 和闭环时 A_{uf}，哪个大？

（3）如输入信号存在失真，能否用负反馈来改善？

（4）怎样判断放大器是否存在自激振荡？如何进行消振？

实验 5　集成运算放大器线性应用

一、实验目的

（1）掌握集成运算放大器的正确使用方法。

（2）掌握集成运算放大器常用应用电路的设计和调试方法。

（3）研究由集成运算放大器组成的比例、加法、减法和积分等基本运算电路的功能。

二、实验设备与器件

（1）模拟电路实验箱：1 台。

（2）函数信号发生器：1 台。

（3）交流毫伏表：1 台。

（4）双踪示波器：1 台。

（5）数字万用表：1 块。

（6）集成运算放大器 μA741：1 个。

（7）电阻器、电容器若干。

三、实验原理

集成运算放大器是一种具有高开环电压放大倍数的直接耦合多级放大电路。当外部接入不同的线性或非线性元器件组成输入和负反馈电路时，可以灵活地实现各种特定的函数关系。在线性应用方面，可组成比例、加法、减法、积分、微分、对数等模拟运算电路。

下面介绍理想运算放大器特性。

在大多数情况下，将运放视为理想运放，就是将运放的各项技术指标理想化，满足下列条件的运算放大器称为理想运放。

开环电压增益　$A_{od} = \infty$

输入电阻　$r_{id} = \infty$

输出电阻　$r_o = 0$

$-3\ dB$ 带宽 $f_{BW} = \infty$

集成运算放大器的应用从工作原理上可分为线性应用和非线性应用两个方面。在线性工作区内,其输出电压 u_o 与输入电压 u_i 成正比。即

$$u_o = A_{od}(u_+ - u_-) = A_{od}u_i$$

由于集成运算放大器的放大倍数 A_{od} 高达 $10^4 \sim 10^7$,若使 u_o 为有限值,必须引入深度负反馈,使电路的输入、输出成比例,因此构成了集成运算放大器的线性运算电路。

理想运放在线性应用时的两个重要特性:

(1)输出电压 u_o 与输入电压 u_i 之间满足关系式:

$$u_o = A_{od}(u_+ - u_-) = A_{od}u_i$$

由于 $A_{od} = \infty$,而 u_o 为有限值,因此,$u_+ - u_- \approx 0$。即 $u_+ \approx u_-$,称为"虚短"。

(2)由于 $r_i = \infty$,故流进运放两个输入端的电流可视为零,即 $I_{IB} = 0$,称为"虚断"。同相与反相输入端电流近似为零。

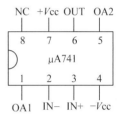

图 3.11 μA741 的管脚图

"虚短"和"虚断"是理想运放工作在线性区时的两点重要结论,本节将要介绍的各种运算电路,要求输出与输入的模拟信号之间实现一定的数学关系,因此,运算电路中的集成运放必须工作在线性区,"虚短"和"虚断"作为基本的出发点。

本实验采用的集成运放型号为 μA741,引脚排列如图 3.11 所示,它是八脚双列直插式组件,②脚和③脚为反相和同相输入端,⑥脚为输出端,⑦脚和④脚为正、负电源端,①脚和⑤脚为失调调零端,⑧脚为空脚。

集成运算放大器组成的基本运算电路有以下几种。

1. 反相比例运算电路

电路如图 3.12 所示,对于理想运放,该电路的输出电压与输入电压之间的关系为

$$u_o = -\frac{R_F}{R_1}u_i$$

闭环电压放大倍数为 $A_{uf} = -R_F/R_1$,只与 R_F 与 R_1 值有关,与集成运放内部各项参数无关,只要 R_F 与 R_1 的阻值比较准确和稳定,即可得到准确的比例运算关系。R_2 和 R_3 是平衡电阻,且 $R_2 /\!/ R_3 = R_F /\!/ R_1$。

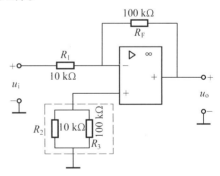

图 3.12   反相比例运算电路

2. 同相比例运算电路

电路如图 3.13 所示,在理想条件下,它的输出电压与输入电压之间的关系为

$$u_o = \left(1 + \frac{R_F}{R_1}\right)u_i, \quad R_2 = R_1 /\!/ R_F$$

当 $R_1 \to \infty$ 时,$u_o = u_i$,即得到如图 3.14 所示的电压跟随器,$R_1 = R_F$,用以减小漂移和起保护作用。一般 R_F 取 $10\ k\Omega$,R_F 太小起不到保护作用,太大则影响跟随性。电压跟随器具有输入阻抗高、输出阻抗低的特点,具有阻抗变换的作用,常用来做缓冲或隔离级。

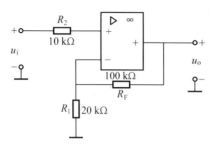

图 3.13　同相比例运算电路

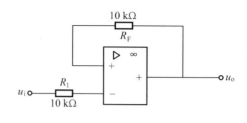

图 3.14　电压跟随器电路

3.加法运算电路

根据信号输入端的不同有同相加法电路和反相加法电路两种形式。我们以反相加法为例,电路原理如图 3.15 所示。

反相加法运算电路的输出电压为

$$u_o = -\left(\frac{R_F}{R_1}u_{i1} + \frac{R_F}{R_2}u_{i2}\right)$$

当 $R_1 = R_2 = R_F$ 时,$u_o = -(u_{i1} + u_{i2})$。

4.差动放大电路(减法器)

对于图 3.16 所示的减法运算电路,当 $R_1 = R_2$,$R_3 = R_F$ 时,有如下关系式

$$u_o = \frac{R_F}{R_1}(u_{i2} - u_{i1})$$

电路的输出电压与两个输入电压之差成正比,实现了差分比例运算,或者说实现了减法运算。

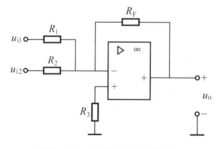

图 3.15　反相加法运算电路

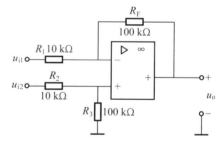

图 3.16　差动放大电路图

四、实验内容

实验前要看清运放组件各管脚的位置;切忌正、负电源极性接反和输出端短路,否则将会损坏集成块。

1.反相比例运算电路

(1)按图 3.12 连接实验电路,接通 ±12 V 电源,在 μA741 的 7 脚接上正电源(+12 V),4 脚接负电源(-12 V),切记不要接反。

(2)按表 3.20 中给定的电压值输入直流电压,测量直流放大倍数。将结果填入表中。直流输入信号可用实验箱中的可调直流电压源实现,用万用表的直流电压挡测量输出电压 U_o,记录实验数据,并将测量值与计算值进行对比验证。

表 3. 20　反相比例运算电路直流放大倍数的测量

输入电压 U_i/V	– 0.4	0.4	0.6	0.8
输出电压 U_o/V				
直流放大倍数				

（3）调节函数信号发生器,使之输出频率为 1 kHz,峰 – 峰值为表 3. 21 中给定的正弦波,接到输入端 u_i。将示波器的通道 1（CH1）接到输入端 u_i,通道 2（CH2）接到输出端 u_o,并用示波器同时观察 u_i 和 u_o 的相位关系,记录 u_i 和 u_o 波形,并标出 u_o 的峰 – 峰值,测量交流放大倍数,记入表 3. 21 中。

表 3. 21　反相比例运算电路交流放大倍数的测量

u_i 的峰 – 峰值 /V	u_o 的峰 – 峰值 /V	输入电压 u_i 波形	输出电压 u_o 波形	交流放大倍数 A_{uf}	
				实测值	计算值
0.5					
0.8					

（4）测量输出动态范围。增大输入信号 u_i 幅度,直到输出 u_o 出现失真,再减小 u_i 到输出 u_o 刚好不失真,测量此时输出 u_o 的峰 – 峰值,即为输出动态范围。

$$u_{omp-p} = \underline{\qquad} \text{ V}$$

2. 同相比例运算电路

（1）按图 3.13 连接实验电路,接通 ± 12 V 电源,在 μA741 的 7 脚接上正电源（+ 12 V）,4 脚接负电源（– 12 V）,切记不要接反。

（2）按表 3. 22 中给定的电压值输入直流电压,测量直流放大倍数。将结果填入表中。直流输入信号可用实验箱中的可调直流电压源实现,用万用表的直流电压挡测量输出电压 U_o,记录实验数据,并将测量值与计算值进行对比验证。

表 3. 22　同相比例运算电路直流放大倍数的测量

输入电压 U_i/V	– 0.4	0.4	0.6	0.8
输出电压 U_o				
直流放大倍数				

（3）调节函数信号发生器,使之输出频率为 1 kHz,峰 – 峰值为表 3.23 中给定的正弦波,接到输入端 u_i。将示波器的通道 1（CH1）接到输入端 u_i,通道 2（CH2）接到输出端 u_o,并用示波器同时观察 u_i 和 u_o 的相位关系,记录 u_i 和 u_o 波形,并标出 u_o 的峰 – 峰值,测量交流放大倍数,记入表 3.23。

表 3.23　同相比例运算电路交流放大倍数的测量

u_i 的峰－峰值 /V	u_o 的峰－峰值 /V	输入电压 u_i 的波形	输出电压 u_o 的波形	交流放大倍数 A_{uf}	
				实测值	计算值
0.5					
1					
2					

（4）测量输出动态范围。增大输入信号 u_i 幅度，直到输出 u_o 出现失真，再减小 u_i 到输出 u_o 刚好不失真，测量此时输出 u_o 的峰－峰值，即为输出动态范围。

$$u_{omp-p} = \underline{\qquad\qquad} \text{ V}$$

3. 差动比例运算电路（减法器）

（1）按图 3.16 接好电路，再将电源接通。

（2）按表 3.24 中给定的电压值输入直流电压 U_{i1}、U_{i2}，直流输入信号 U_{i1}、U_{i2} 可用实验箱中的可调直流信号源实现，用万用表的直流电压挡测量输出电压 U_o，将结果填入表中。根据图 3.16 参数计算直流输出电压 U_o，与所测 U_o 进行比较。

表 3.24　差动比例运算电路直流放大倍数的测量

直流信号源 U_{i1}/V	0.4	0.6	0.5	1.5
直流信号源 U_{i2}/V	0.5	0.5	1	1
U_o 的测量值				
U_o 的理论计算值				

（3）调节函数信号发生器，使之输出峰－峰值为 2 V，频率为 1 kHz 的正弦波，再将信号发生器接到如图 3.17 所示的电位器处，将 u_{i1} 和 u_{i2} 按图 3.17 连接。用示波器的两个通道同时监测 u_{i1} 和 u_{i2}，将 u_{i2} 峰－峰值调至表 3.25 要求的大小。再用示波器的两个通道同时监测 u_{i1} 和 u_o，将波形画在表 3.25 的相应位置处，要求体现相位关系，记录峰－峰值。

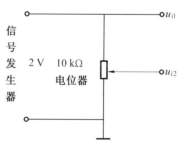

图 3.17　u_{i2}、u_o 与电位器接法

表 3. 25　差动比例运算电路交流放大倍数的测量

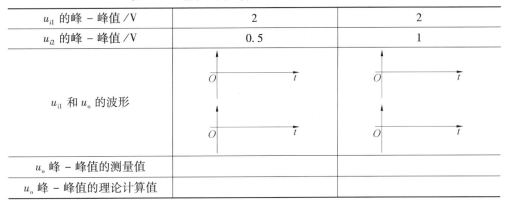

u_{i1} 的峰 – 峰值 /V	2	2
u_{i2} 的峰 – 峰值 /V	0.5	1
u_{i1} 和 u_o 的波形		
u_o 峰 – 峰值的测量值		
u_o 峰 – 峰值的理论计算值		

4. 反相加法运算电路

（1）按图 3. 15 接好电路, 接通电源。令 $R_1 = R_2 = R_f = 100\ \Omega$。

（2）按表 3. 26 中的数据输入直流信号, 用万用表的直流电压挡测量出输出电压, 记录实验数据, 并将测量值与计算值进行对比验证。

表 3. 26　反相加法运算电路直流放大倍数的测量

直流信号源 U_{i1}/V		+ 1	+ 2	+ 0.5
直流信号源 U_{i2}/V		– 3	– 1	+ 2
U_o/V	计算值			
U_o/V	测量值			

（3）根据差动减法运算电路交流输入信号 u_{i1} 和 u_{i2} 的接法接通电路。调节函数信号发生器, 输入信号 u_{i1} 和 u_{i2} 调至表 3. 27 中要求的大小, 利用示波器观察输出波形是否满足设计要求并记录波形, 填入表 3. 27 中。

（4）输入信号 u_{i1} 是频率为 1 kHz, 峰 – 峰值 U_{p-p} 为 1 V、1.2 V 的交流正弦波, u_{i2} 的峰 – 峰值 U_{p-p} 调至 0. 4 V、0. 8 V（两信号不可太大, 否则 u_o 严重失真）, 利用示波器观察输出波形, 并记录波形。

表 3. 27　反相加法运算电路交流放大倍数的测量

u_{i1} 的峰 – 峰值 /V	1	1.2
u_{i2} 的峰 – 峰值 /V	0.4	0.8
u_{i2} 和 u_o 的波形		
u_o 峰 – 峰值的测量值		
u_o 峰 – 峰值的理论计算值		

五、实验预习要求

（1）复习由运算放大器组成的反相比例、同相比例、反相加法、差分比例、积分电路、微分电路的工作原理。

（2）写出上述电路的 u_o 与 u_i 关系表达式。

（3）实验前计算好实验内容中的有关理论值，以便与实验测量结果作比较。

六、实验报告要求

（1）按每项实验内容的要求书写实验报告。

（2）在同一坐标系中画出相应的输入、输出波形。

（3）回答思考题。

七、思考题

（1）在反相加法器中，如 U_{i1} 和 U_{i2} 均采用直流信号，并选定 $U_{i2} = -1\ V$，当考虑到运算放大器的最大输出幅度（$\pm 12\ V$）时，$|\ U_{i1}\ |$ 的大小不应超过多少伏？

（2）在积分电路中，如 $R_1 = 100\ k\Omega$，$C = 4.7\ \mu F$，求时间常数。假设 $U_i = 0.5\ V$，问要使输出电压 U_o 达到 5 V，需多长时间（设 $u_C(0) = 0$）？

（3）为了不损坏集成块，实验中应注意什么问题？

（4）如何判别一个集成运算放大器 $\mu A741$ 的好坏？

实验 6 组合逻辑电路及其应用

一、实验目的

（1）掌握组合逻辑电路的分析方法。

（2）掌握由与非门实现一些较为复杂的逻辑电路的方法。

（3）熟悉中规模 3 线 – 8 线译码器 74LS138 的功能。

（4）熟悉中规模 3 线 – 8 线译码器实现的组合逻辑电路。

二、实验设备与器件

（1）数字实验箱:1 台。

（2）芯片 74LS00:3 片。

（3）芯片 74LS20:1 片。

（4）芯片 74LS138:1 片。

74LS00、74LS20 和 74LS138 芯片引脚图如图 3.18 所示。

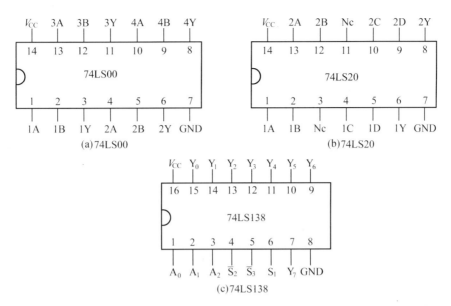

图 3.18　74LS00、74LS20 和 74LS138 芯片引脚图

三、实验原理

使用中、小规模集成电路设计组合电路是最常见的逻辑电路。设计组合电路的一般步骤如图 3.19 所示。

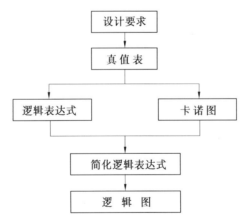

图 3.19　组合逻辑电路设计流程图

根据设计任务的要求建立输入、输出变量,并列出真值表。然后用逻辑代数或卡诺图化简法求出简化的逻辑表达式。并按实际选用逻辑门的类型修改逻辑表达式。根据简化后的逻辑表达式,画出逻辑图,用标准器件构成逻辑电路。最后,用实验来验证设计的正确性。

1.组合逻辑电路设计举例

用"与非"门设计一个表决电路。当四个输入端中有三个或四个为"1"时,输出端才为"1"。

设计步骤：

（1）根据题意列出真值表，见表3.28。

表3.28　四人表决电路真值表

输　入　信　号				输　出　信　号
A	B	C	D	Z
0	0	0	0	0
0	0	0	1	0
0	0	1	0	0
0	0	1	1	0
0	1	0	0	0
0	1	0	1	0
0	1	1	0	0
0	1	1	1	1
1	0	0	0	0
1	0	0	1	0
1	0	1	0	0
1	0	1	1	1
1	1	0	0	0
1	1	0	1	1
1	1	1	0	1
1	1	1	1	1

（2）填入卡诺图（表3.29）中。

表3.29　四人表决电路卡诺图

AB \ CD	00	01	11	10
00				
01			1	
11		1	1	1
10			1	

（3）由卡诺图得出逻辑表达式，并演化成"与非"的形式：

$$Y = ABC + BCD + ACD + ABD = \overline{\overline{ABC} \cdot \overline{BCD} \cdot \overline{ACD} \cdot \overline{ABD}}$$

（4）根据逻辑表达式画出用"与非门"构成的逻辑电路如图3.20所示。

按以上步骤设计好电路，用实验验证逻辑功能，按图3.20接线，输入端A、B、C、D接至逻辑开关输出插口，输出端Y接逻辑电平显示输入插口，按真值表3.28，逐次改变输入变量，测量相应的输出值，验证逻辑功能，判断所设计的逻辑电路是否符合要求。

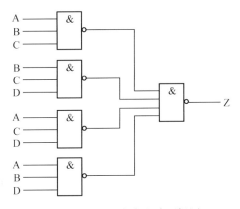

图 3.20　四人表决电路逻辑图

2. 加法器

在数字运算电路中,加法器是最重要、最基本的运算单元之一。基本的加法器电路有半加器和全加器两种。

(1) 半加器

半加器的功能是实现两个二进制数相加运算的电路(不考虑低位的进位输入,只考虑进位输出)。以 A_0、B_0 分别表示两个加数,以 S_0 和 C_0 分别表示全加和及向高位的进位,其真值表见表 3.30 所示。逻辑表达式如下:

$$S_0 = A_0\bar{B}_0 + \bar{A}_0 B_0$$

$$C_0 = A_0 B_0$$

表 3.30　半加器真值表

A_0	B_0	S_0	C_0
0	0	0	0
0	1	1	0
1	0	1	0
1	1	0	1

(2) 全加器

全加器的功能是实现两个二进制加数与一个来自低位进位的加法运算。以 A_i、B_i 分别表示两个加数,C_{i-1} 表示低位的进位,以 S_i 和 C_i 分别表示全加和及向高位的进位,全加器的真值表见表 3.31,逻辑表达式如下:

$$S_i = A_i \oplus B_i \oplus C_{i-1} = \sum m(1,2,4,7)$$

$$C_i = A_i B_i + (A_i \oplus B_i) C_{i-1} = \sum m(3,5,6,7)$$

表 3.31　全加器真值表

A_i	B_i	C_{i-1}	S_i	C_i
0	0	0	0	0
0	0	1	1	0
0	1	0	1	0
0	1	1	0	1
1	0	0	1	0
1	0	1	0	1
1	1	0	0	1
1	1	1	1	1

3. 译码器

译码器是一个多输入、多输出的组合逻辑电路。它的作用是把给定的代码进行"翻译"，变成相应的状态，使输出通道中相应的一路有信号输出。

以 3 线 - 8 线译码器 74LS138 进行分析，引脚图如图 3.21 所示，逻辑功能见表 3.32。其中 A_2、A_1、A_0 为地址输入端，高电平有效，$\bar{Y}_0 \sim \bar{Y}_7$ 为译码输出端，低电平有效，S_1、$\bar{S}_2$、$\bar{S}_3$ 为使能端，也称复合片选端，仅当 $S_1 = 1$，$\bar{S}_2 = \bar{S}_3 = 0$ 时，译码器才能工作，否则 8 位译码输出端全为无效的高电平 1，具体功能见表 3.32。

表 3.32　译码器 74LS138 逻辑功能表

输入						输出							
使能端（片选端）			译码地址端			译码输出端							
S_1	$\bar{S}_2$	$\bar{S}_3$	A_2	A_1	A_0	$\bar{Y}_0$	$\bar{Y}_1$	$\bar{Y}_2$	$\bar{Y}_3$	$\bar{Y}_4$	$\bar{Y}_5$	$\bar{Y}_6$	$\bar{Y}_7$
1	0	0	0	0	0	0	1	1	1	1	1	1	1
1	0	0	0	0	1	1	0	1	1	1	1	1	1
1	0	0	0	1	0	1	1	0	1	1	1	1	1
1	0	0	0	1	1	1	1	1	0	1	1	1	1
1	0	0	1	0	0	1	1	1	1	0	1	1	1
1	0	0	1	0	1	1	1	1	1	1	0	1	1
1	0	0	1	1	0	1	1	1	1	1	1	0	1
1	0	0	1	1	1	1	1	1	1	1	1	1	0
0	×	×	×	×	×	1	1	1	1	1	1	1	1
×	1	×	×	×	×	1	1	1	1	1	1	1	1

用二进制译码器可以实现组合逻辑函数，用 74LS138 与与非门配合，可以完成 3 个或 3 个以下的逻辑变量的组合逻辑电路。例如：用 74LS138 与 74LS20 配合，实现的逻辑函

数为

$$F = \overline{A}\,\overline{B}\,\overline{C} + \overline{A}\,B\,\overline{C} + A\,\overline{B}\,\overline{C} + ABC$$

步骤如下：

（1）写出函数的标准与非 – 与非表达式

$$F = m_0 + m_1 + m_2 + m_7$$

$$\overline{\overline{F}} = \overline{\overline{m_0 + m_1 + m_2 + m_7}}$$

$$\overline{\overline{F}} = \overline{\overline{m_0} \cdot \overline{m_1} \cdot \overline{m_2} \cdot \overline{m_7}}$$

（2）确认译码器和与非门输入信号的表达式

译码器的输入信号 —— 地址变量，就是函数的变量，A——A_0，B——A_1，C——A_2。与非门的输入信号则应根据函数标准与非 – 与非表达式中最小项反函数获得，若函数标准与非 – 与非表达式中含有 $\overline{m_i}$，译码器的输出信号 $\overline{Y_i}$ 就是与非门中的一个输入信号。译码器 74LS138 的输出信号 $\overline{Y_0}$、$\overline{Y_1}$、$\overline{Y_2}$、$\overline{Y_7}$ 为与非门 74LS20 的输入信号，函数变量 ABC 分别对应译码器 74LS138 的地址端 $A_2A_1A_0$，电路如图 3.21 所示。

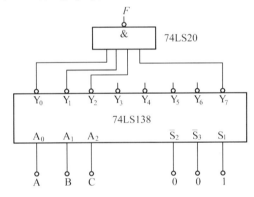

图 3.21　译码器 74LS138 实现逻辑函数

四、实验内容

1. 用与非门组成基本逻辑门电路的功能测试

（1）与非门电路的功能测试，电路图如图 3.22 所示，功能表见表 3.33。

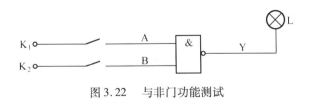

图 3.22　与非门功能测试

表 3.33　与非门功能表

A	B	Y
0	0	
0	1	
1	0	
1	1	

（2）非门电路的功能测试，电路图如图 3.23 所示，功能表见表 3.34。

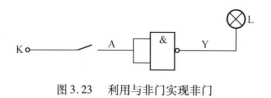

图 3.23 利用与非门实现非门

表 3.34 非门功能表

A	Y
0	
1	

（3）与门电路的功能测试，电路图如图 3.24 所示，功能表见表 3.35。

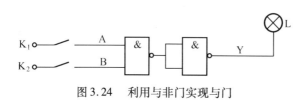

图 3.24 利用与非门实现与门

表 3.35 与门功能表

A	B	Y
0	0	
0	1	
1	0	
1	1	

（4）或门电路的功能测试，按电路图 3.25 连接电路，接通电源，按表 3.36 中的值输入 A 和 B 的电平信号，测量 Y_1、Y_2 和 Y 的逻辑电平（1 或 0 电平），Y_1、Y_2 和 Y 都接灯。根据表 3.36 中数值验证电路的逻辑关系，写出 Y_1、Y_2 和 Y 的逻辑表达式。

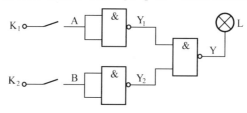

图 3.26 与非门实现或门

表 3.36 与非门转换为或门测试数据

输 入		输 出		
A	B	Y	Y_1	Y_2
0	0			
0	1			
1	0			
1	1			

（5）异或门及其功能测试

按电路图 3.26 连接电路,按功能表测试其电路功能并将测试结果填入表 3.37 中。根据表 3.37 中数值验证电路的逻辑关系,写出 Y_1、Y_2、Y_3 和 Y 的逻辑表达式。

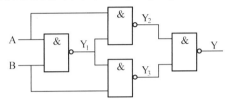

图 3.26　利用与非门实现异或门

表 3.37　与非门转换为异或门测试数据

输	入	输		出	
A	B	Y	Y_1	Y_2	Y_3
0	0				
0	1				
1	0				
1	1				

2. 测试半加器逻辑功能

测试用74LS20 和与非门74LS00 组成的半加器的逻辑功能。其实验电路如图3.27 所示。按表 3.30 验证其逻辑功能。

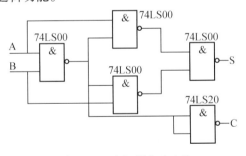

图 3.27　半加器实验电路

3. 74LS138 译码器逻辑功能测试

将译码器使能端 S_1、$\bar{S}_2$、$\bar{S}_3$ 及地址端 A_2、A_1、A_0 分别接至逻辑电平开关输出口,8 个输出端 $\bar{Y}_7$,…,$\bar{Y}_0$ 依次连接在逻辑电平显示器的 8 个输入口上,拨动逻辑电平开关,按表 3.32 逐项测试 74LS138 的逻辑功能。

4. 用 74LS138 和 74LS20 构成 1 位二进制全加器

（1）写出全加器的真值表(表 3.38)。

表 3.38　全加器真值表

输　　入			输　　出	
A	B	C_0	S	C
0	0	0		
0	0	1		
0	1	0		
0	1	1		
1	0	0		
1	0	1		
1	1	0		
1	1	1		

（2）写出和 S 和进位 CO 的逻辑表达式。

$$S_i = A_i \oplus B_i \oplus C_{i-1} = \sum m(1,2,4,7)$$

$$C_i = A_i B_i + (A_i \oplus B_i)C_{i-1} = \sum m(3,5,6,7)$$

（3）画出电路图，如图 3.28 所示，搭建电路，令 $S_1 = 1$、$\overline{S_2} = 0$、$\overline{S_3} = 0$，通过实验验证电路功能。

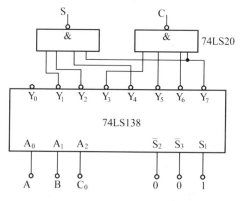

图 3.28　74LS138 和 74LS20 构成 1 位二进制全加器

5. 用 74LS138 和 74LS20 实现三人表决电路

三人表决电路的电路图如图 3.29 所示。令 $S_1 = 1$、$\overline{S_2} = 0$、$\overline{S_3} = 0$，A、B、C 端通过逻辑电平开关 K 提供逻辑电平信号，电路输出端 F 的状态通过发光二极管 L 显示。通过实验验证电路功能，将实验结果填入表 3.39 中。

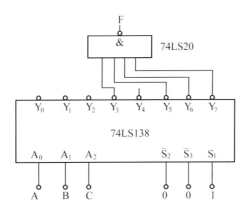

图 3.29　74LS138 和 74LS20 实现三人表决电路图

表 3.39　74LS138 和 74LS20 实现三人表决电路功能测试表

输　　　入			输　　出
A	B	C	F
0	0	0	
0	0	1	
0	1	0	
0	1	1	
1	0	0	
1	0	1	
1	1	0	
1	1	1	

五、实验预习要求

（1）熟悉组合逻辑电路设计过程。

（2）复习有关译码器的内容。

（3）熟悉 74LS00、74LS20 和 74LS138 等集成芯片的逻辑功能,熟悉它们的引脚图。

（4）理解组合逻辑电路的实现方法。

六、实验报告要求

（1）回答思考题。

（2）总结实验中用到的各个芯片的功能。

（3）对实验结果进行分析、讨论。

七、思考题

（1）74LS00、74LS20 各有几个管脚,它们内部各有几个与非门,两种与非门各有几个输入端?

（2）观察与非门的门控功能时应如何加信号,如何调整示波器?

（3）中规模 3 线 – 8 线译码器 74LS138 工作时是高电平有效还是低电平有效?

实验 7　时序逻辑电路及其应用

一、实验目的

（1）掌握集成 J – K 触发器 74LS112 的逻辑功能及使用方法。

（2）熟悉异步输入信号 $\bar{R}_D$、$\bar{S}_D$ 的作用,学会测试方法。

（3）熟悉一些常见的触发器逻辑功能的相互转换。

（4）掌握 74LS161 的逻辑功能及使用方法。

二、实验设备与器件

（1）数字实验箱:1 台。

（2）双踪示波器:1 台。

（3）74LS112 芯片:1 片。

（4）74LS161 芯片:1 片。

（5）74LS00 芯片:1 片。

三、实验原理

1. J – K 触发器

本实验采用 74LS112 双 JK 触发器,引脚功能如图 3.30(a) 所示。74LS112 为 16 脚芯片,每片含有两片触发器,含有异步置位端 S_D 和异步复位端 R_D,触发器的触发输入方式为下降沿触发,J 和 K 是数据输入端,是触发器状态更新的依据,Q 与 $\bar{Q}$ 为两个互补输出端。通常把 Q = 0、$\bar{Q} = 1$ 的状态定为触发器"0" 状态,而把 Q = 1,$\bar{Q} = 0$ 定为"1" 状态。JK 触发器的特征方程为 $Q^{n+1} = J\bar{Q}^n + \bar{K}Q^n$,下降沿触发 JK 触发器 74LS112 的功能见表 3.40。

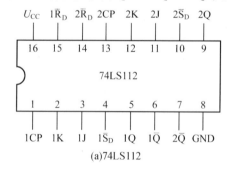

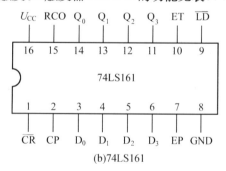

图 3.30　74LS112 和 74LS161 引脚图

表 3.40　J－K 触发器 74LS112 功能表

输　　入					输　　出	
$\overline{S}_D$	$\overline{R}_D$	CP	J	K	Q^{n+1}	$\overline{Q}^{n+1}$
0	1	×	×	×	1	0
1	0	×	×	×	0	1
0	0	×	×	×	φ	φ
1	1	↓	0	0	Q^n	$\overline{Q}^n$
1	1	↓	1	0	1	0
1	1	↓	0	1	0	1
1	1	↓	1	1	$\overline{Q}^n$	Q^n
1	1	↑	×	×	Q^n	$\overline{Q}^n$

注:φ 为不定态。

2. 触发器之间的相互转换

在集成触发器的产品中,每种触发器都有自己固定的逻辑功能。但可以利用转换的方法获得具有其他功能的触发器。

(1)J－K 触发器转换为 T 触发器和 T′ 触发器

将 J－K 触发器的 J、K 两端连在一起,并认它为 T 端时,就得到所需的 T 触发器,如图 3.31 所示。当 T＝0 时,时钟脉冲作用后,其状态保持不变;当 T＝1 时,时钟脉冲作用后,触发器状态翻转,其逻辑功能见表 3.41,其状态方程为:$Q^{n+1} = T\overline{Q}^n + \overline{T}Q^n$。

表 3.41　T 触发器的功能表

输　　入				输　　出
$\overline{S}_D$	$\overline{D}_D$	CP	T	Q^{n+1}
0	1	×	×	1
1	0	×	×	0
1	1	↓	0	Q^n
1	1	↓	1	$\overline{Q}^n$

若将 T 触发器的 T 端置"1",如图 3.32 所示,即得 T′ 触发器。在 T′ 触发器的 CP 端每来一个 CP 脉冲信号,触发器的状态就翻转一次,故称为反转触发器,广泛用于计数电路中。

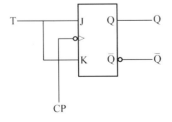

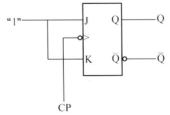

图 3.31　J－K 触发器转换为 T 触发器　　图 3.32　J－K 触发器转换为 T′ 触发器

（2）J－K触发器转换为D触发器

将J－K触发器的J、K两端通过与非门连在一起，并认它为D端，就得到所需的D触发器，如图3.33所示。当D＝0时，时钟脉冲作用后，Q＝0；当D＝1时，时钟脉冲作用后，Q＝1。

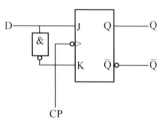

图3.33　J－K触发器转为D触发器

3. 同步计数器74LS161

74LS161是TTL型二－十六进制可预置4位二进制数的同步加法计数器。74LS161的引脚图如图3.30（b）所示，功能表见表3.42。

表3.42　74LS161功能表

工作方式	输　　入						输　　出
	$\overline{CR}$	CP	EP	ET	$\overline{LD}$	D_n	Q_n
复位	0	×	×	×	×	×	0
数据置入	1	↑	×	×	0	1/0	1/0
保持	1	×	0	0	0	1	保持
	1	×	0	1	1	×	保持
	1	×	1	0	1	×	保持
计数	1	↑	1	1	1	×	计数

功能说明：

（1）$\overline{CR}$端为计数器的异步复位端，低电平有效，复位时计数器输出$Q_3 \sim Q_0$皆为0电平。

（2）CP端为同步时钟脉冲输入端，脉冲上升沿有效。

（3）$\overline{LD}$为计数器的并行输入控制端，仅当$\overline{LD}$端为0电平且$\overline{CR}$为1电平时，在CP脉冲上升沿，电路将$D_3 \sim D_0$预置入$Q_3 \sim Q_0$中。

（4）EP和ET为计数器功能选择控制端，EP和ET同为1时，计数器为计数状态，否则为保持状态。

74LS161除了具有普通的4位二进制同步加法计数器的功能外，还具有异步清零、同步数据置入、数据保持等功能。有了同步置入的功能，计数器就不仅可以从0000开始计数，还可以从任意数开始计数。

四、实验内容

1. J－K 触发器74LS112 及其功能测试。电路如图3.34 所示,触发器控制端 $1\overline{R}_D$、$1\overline{S}_D$ 和数据端1J、1K 接逻辑电平开关K,输出端 Q 接发光二极管 L,时钟端 1CP 接手动单脉冲信号。

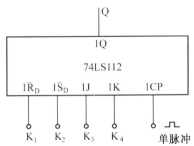

图 3.34　J－K 触发器 74LS112 功能测试

（1）测试 $\overline{R}_D$、$\overline{S}_D$ 的复位、置位功能

要求改变 $\overline{R}_D$、$\overline{S}_D$（J、K、CP 处于任意状态）,并在 $\overline{R}_D = 0$（$\overline{S}_D = 1$）或 $\overline{S}_D = 0$（$\overline{R}_D = 1$）作用期间任意改变 J、K 及 CP 的状态,观察 Q、$\overline{Q}$ 状态。自拟表格并记录。

（2）测试 J－K 触发器的逻辑功能

置 $\overline{R}_D$、$\overline{S}_D = 1$,按表 3.43 的要求改变 J、K、CP 端状态,观察 Q、$\overline{Q}$ 状态变化,观察触发器状态更新是否发生在 CP 脉冲的下降沿（即 CP 由 1 → 0）,并记录。

表 3.43　J－K 触发器的逻辑功能测试表

J	K	CP	Q^{n+1}	
			$Q^n = 0$	$Q^n = 1$
0	0	↑		
		↓		
0	1	↑		
		↓		
1	0	↑		
		↓		
1	1	↑		
		↓		

2. 利用 J－K 触发器实现 2－4 分频器。电路如图 3.35 所示,按电路图连接电路。

（1）先接手动单脉冲做驱动信号（1CP 连接手动单脉冲）、用发光二极管 L 观察 Q_1 和 Q_2 的状态。

（2）用连续脉冲做驱动信号,用示波器观察输入 1CP 和输出 Q1、Q2 的波形,将波形画在坐标图上。

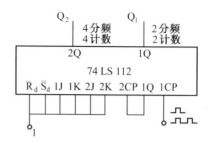

图 3.35　J－K 触发器实现 2－4 分频器

3.利用 J－K 触发器实现 T 和 T′触发器,电路图如图 3.36 所示,试通过实验验证各电路功能。

（1）图 3.36（a）中,在 CP 端输入 1 kHz 连续脉冲,当 T＝0 时,用双踪示波器观察 CP 及 Q 端波形,画出波形图。当 T＝1 时,用双踪示波器观察 CP 及 Q 端波形。

（2）图 3.36（b）中,当 CP 端输入 1 kHz 连续脉冲时,用双踪示波器观察 CP 及 Q 端波形,画出波形图,当 CP 端输入 2 kHz 连续脉冲时,用双踪示波器观察 CP 及 Q 端波形,画出波形图。

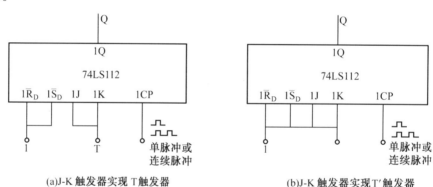

(a)J-K 触发器实现 T 触发器　　　　　　　(b)J-K 触发器实现 T′触发器

图 3.36　J－K 触发器实现 T 和 T′触发器

4.利用 J－K 触发器和门电路设计 D 触发器,电路图如图 3.37 所示,试通过实验验证各电路功能。当 CP 端输入 1 kHz 连续脉冲时,用双踪示波器观察 CP 及 Q 端波形,画出波形图。

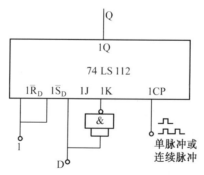

图 3.37　J－K 触发器实现 D 触发器

5. 中规模计数器74LS161的功能测试。$\overline{CR}$、CP、EP、ET、$\overline{LD}$、$D_3 \sim D_0$ 接逻辑电平开关 K，$Q_3 \sim Q_0$ 接发光二极管 L，CP 接时钟脉冲或手动单脉冲，按表3.44 测试其功能，将测试结果填入表中。

表 3.44　74LS161 的功能测试表

状　　态	输　　入				输　　出
	$\overline{CR}$　$\overline{LD}$	CP	ET　EP	$D_0 D_1 D_2 D_3$	$Q_3 Q_2 Q_1 Q_0$
清　　零	0　×	×	×　×	×　×　×　×	
预　　置	1　0	↑	×　×	1　0　0　0	
				0　1　0　0	
保　　持	1　1	↑	$ET \cdot EP = 0$	×　×　×　×	
计　　数	1　1	↑	1　1	×　×　×　×	

6. 利用74LS161 的数据预置功能构成计数范围可调整的计数器。

电路如图 3.38 所示，$D_3 \sim D_0$ 接数据开关，$Q_3 \sim Q_0$ 接 LED 数码显示器。

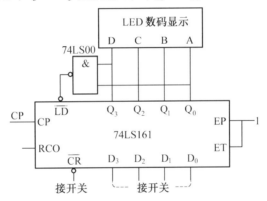

图 3.38　计数范围可调整的计数器

（1）按图 3.38 接线，检查无误后接通电源。

（2）$\overline{CR}$ 端置 0，使得计数器的初始状态预置为 0，再将$\overline{CR}$ 端置 1。

（3）将 $D_3 \sim D_0$ 所接数据开关设置为 0010。

（4）在 CP 端手动发计数脉冲，观察并记录输出的变化。

（5）将 $D_3 \sim D_0$ 所接数据开关设置为 0011。

（6）在 CP 端手动发计数脉冲，观察并记录输出的变化。

（7）将所得的所有数据计入表 3.45。

分析结果：

① 当 $D_3 D_2 D_1 D_0 = 0010$ 时，计数器的计数范围为从_____到_____；计数器为_____进制计数器。

② 当 $D_3 D_2 D_1 D_0 = 0011$ 时，计数器的计数范围为从_____到_____；计数器为_____进制计数器。

表 3.45 利用 74LS161 的数据预置功能构成计数器测试数据

CP 脉冲	（$D_3D_2D_1D_0 = 0010$ 时）					（$D_3D_2D_1D_0 = 0011$ 时）				
	Q_3	Q_2	Q_1	Q_0	LED 显示	Q_3	Q_2	Q_1	Q_0	LED 显示
0										
1										
2										
3										
4										
5										
6										
7										
8										
9										

五、实验预习要求

（1）复习集成触发器的有关内容和理论知识。

（2）掌握各种触发器逻辑功能及相互转换,列出各触发器功能测试表格。

（3）认真理解集成计数器 74LS112 和 74LS161 的逻辑功能及使用方法。

六、实验报告要求

（1）总结集成计数器 74LS161 和 74LS112 的逻辑功能。

（2）体会触发器的应用。

七、思考题

（1）74LS112 里有几个 J – K 触发器？它们各有几个数据输入端？

（2）74LS112 是对应时钟上升沿触发还是对应时钟下降沿触发？

（3）中规模计数器 74LS161 是同步清零还是异步清零？是同步预置数还是异步预置数？如何理解"同步"和"异步"的意义？

实验 8　555 定时器应用电路

一、实验目的

（1）熟悉 555 定时器的组成及工作原理。

（2）掌握 555 定时器各管脚的功能。

（3）掌握555定时器组成的单稳态电路、多谐振荡器电路和施密特电路。

二、实验设备与器件

（1）数字实验箱：1台。
（2）双踪示波器：1台。
（3）函数信号发生器：1台。
（4）555芯片：1片。

三、实验原理

555集成定时器是一种数字、模拟混合型的中规模集成电路，应用十分广泛，可以构成单稳态触发器、多谐振荡器和施密特触发器等多种电路。

1.555集成电路的工作原理

555电路的内部结构框图如图3.39所示。它由基本R－S触发器、电压比较器C_1与C_2、三只5 kΩ的电阻器构成的分压器、一个放电开关管T组成。3个5 kΩ串联电阻将电源电压V_{CC}分压成$\frac{1}{3}V_{CC}$和$\frac{2}{3}V_{CC}$，为高电平比较器C_1的同相输入端和低电平比较器C_2的反相输入端提供参考电压$\frac{2}{3}V_{CC}$

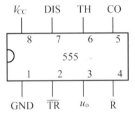

图3.39 555定时器引脚图

和$\frac{1}{3}V_{CC}$，C_1与C_2的输出端控制R－S触发器状态和放电管开关状态。当输入信号自6脚，即高电平触发TH输入并超过参考电平$\frac{2}{3}V_{CC}$时，触发器复位，555的输出端3脚输出低电平，同时放电开关管导通；当输入信号自2脚输入并低于$\frac{1}{3}V_{CC}$时，触发器置位，555的3脚输出高电平，同时放电开关管截止。T为放电管，当T导通时，将给接于脚7的电容器提供低阻放电通路。

555定时器的引脚图如图3.40所示。$\overline{R}$是复位端（4脚），低电平有效，当$\overline{R}=0$时，复位时不论其他引脚状态如何，输出3引脚被强制复位为0。平时$\overline{R}$端接V_{CC}。CO是控制电压端（5脚），平时输出$\frac{2}{3}V_{CC}$作为比较器C_1的参考电平，当5脚外接一个输入电压时，即改变了比较器的参考电平，假如在5脚外加一参考电压U_C，则可改变C_1与C_2的参考电压值为U_C和$\frac{1}{2}U_C$，在不接外加电压时，通常接一个0.01 μF的电容器到地，起滤波作用，以消除外来的干扰，确保参考电平稳定。TH（6脚）为高电平触发端，用来输入触发电压。$\overline{TR}$（2脚）为低电平触发端，用来输入触发电压。7脚接电容。u_o（3脚）为输出，V_{CC}（8脚）接电源。

555定时器功能表见表3.46，它全面地表示了555的基本功能。

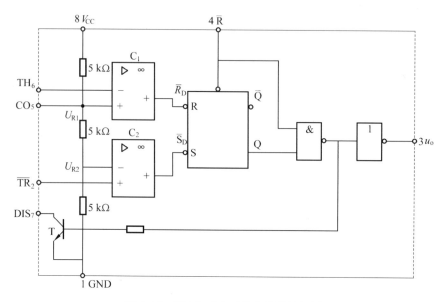

图 3.40　555 集成定时器内部结构框图

表 3.46　555 定时器的功能表

$\overline{R}$	U_{TH}	$U_{\overline{TR}}$	$\overline{R}_D$	$\overline{S}_D$	Q	u_o	T
0	×	×	×	×	×	0	导通
1	$> \frac{2}{3}V_{CC}$	$> \frac{1}{3}V_{CC}$	0	1	0	0	导通
1	$< \frac{2}{3}V_{CC}$	$< \frac{1}{3}V_{CC}$	1	0	1	1	截止
1	$< \frac{2}{3}V_{CC}$	$> \frac{1}{3}V_{CC}$	1	1	保持	保持	保持

$\overline{R} = 0$ 时，输出电压 $u_o = 0$，T 饱和导通。

$\overline{R} = 1$、$U_{TH} > \frac{2}{3}V_{CC}$、$U_{\overline{TR}} > \frac{1}{3}V_{CC}$ 时，C_1 输出低电平、C_2 输出高电平，$Q = 0$，$u_o = 0$，T 饱和导通。

$\overline{R} = 1$、$U_{TH} < \frac{2}{3}V_{CC}$、$U_{\overline{TR}} < \frac{1}{3}V_{CC}$ 时，C_1 输出高电平、C_2 输出低电平，$Q = 1$，$u_o = 1$，T 截止。

$\overline{R} = 1$、$U_{TH} < \frac{2}{3}V_{CC}$、$U_{\overline{TR}} > \frac{1}{3}V_{CC}$ 时，C_1、C_2 均输出高电平，基本 R – S 触发器保持原来状态不变，因此，u_o、T 也保持原来的状态不变。

2. 555 定时器的应用

（1）单稳态触发器

由 555 定时器和外接定时元件 R、C 构成的单稳态触发器如图 3.41（a）所示。u_i 为输入触发信号，下降沿有效，加在 555 的 $\overline{TR}$（2 脚），u_o 是输出信号。

当没有触发信号即 u_i 为电平时,电路工作在稳定状态,$u_o = 0$,T 饱和导通。当 u_i 下降沿到来时,电路被触发,立即由稳态翻转为暂态,Q = 1,$u_o = 1$,T 截止,电容 C 开始充电,U_C 按指数规律增长。当 u_c 充电到 $\frac{2}{3}V_{CC}$ 时,高电平比较器动作,比较器 C_1 翻转,输出 u_o 从高电平返回低电平,放电开关管 T 重新导通,电容 C 上的电荷很快经放电开关管放电,暂态结束,恢复稳态,为下个触发脉冲的来到做好准备。波形图如图 3.41(b)所示。

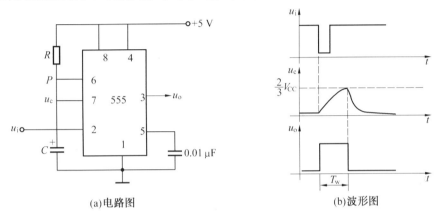

(a)电路图　　　　　　　　　　(b)波形图

图 3.41　用 555 构成的单稳态触发器

暂稳态的持续时间 T_w(即为延时时间)决定于外接元件 R、C 值的大小:

$$T_w = 1.1RC$$

通过改变 R、C 的大小,可使延时时间在几个微秒到几十分钟之间变化。

(2)多谐振荡器

由 555 定时器构成的多谐振荡器如图 3.42(a)所示,R_1、R_2、C 是外接定时元件,定时器 TH(6 脚)、$\overline{\text{TR}}$(2 脚)端连接起来接 u_c,晶体管集电极(7)接到 R_1、R_2 的连接点 P。电路没有稳态,仅存在两个暂稳态,电路亦不需要外加触发信号,利用电源通过 R_1、R_2 向 C 充电,以及 C 通过 R_2 向放电端 CO(7)放电,使电路产生振荡。电容 C 在 $\frac{1}{3}V_{CC}$ 和 $\frac{2}{3}V_{CC}$ 之间充电和放电,其波形如图 3.42(b)所示。输出信号的时间参数为

$$T = T_{w1} + T_{w2}, T_{w1} = 0.7(R_1 + R_2)C, T_{w2} = 0.7R_C, \quad T = 0.7(R_1 + 2R_2)C$$

电路要求 R_1 与 R_2 均应大于或等于 1 kΩ,但 $R_1 + R_2$ 应小于或等于 3.3 MΩ。

(3)施密特触发器

由 555 定时器构成的施密特触发器如图 3.43(a)所示。TH(6 脚)、$\overline{\text{TR}}$(2 脚)端连接起来作为信号输入端 u_i,便构成了施密特触发器。图 3.43(b)为波形图。

利用 555 的高低电平触发的回差电平,可构成具有滞回特性的施密特触发器。施密特触发器回差控制有两种方式:其一为电压控制端 5 引脚不外加控制电压,此时高低电平的触发电压分别为 $\frac{2}{3}V_{CC}$ 和 $\frac{1}{3}V_{CC}$ 不变,当 u_i 上升到 $\frac{2}{3}V_{CC}$ 时,u_o 从高电平翻转为低电平;当 u_i 下降到 $\frac{1}{3}V_{CC}$ 时,u_o 又从低电平翻转为高电平。回差电压 $\Delta U = \frac{2}{3}V_{CC} - \frac{1}{3}V_{CC} =$

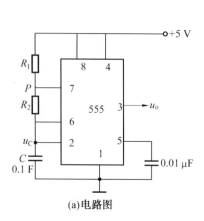
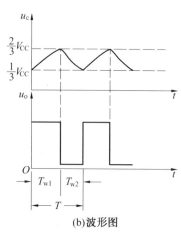

(a)电路图   (b)波形图

图 3.42　用 555 构成的多谐振荡器

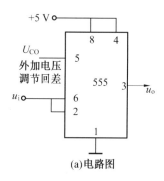
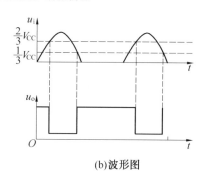

(a)电路图   (b)波形图

图 3.43　用 555 构成的施密特触发器

$\frac{1}{3}V_{CC}$；其二为电压控制端 5 引脚外加控制电压 U，回差电压 $\Delta U = \frac{1}{2}U$。

施密特触发器一个最重要的特点就是能够把变化非常缓慢地输入脉冲波形，整形成为适合于数字电路需要的矩形脉冲，而且由于具有滞回特性，所以抗干扰能力也很强。施密特触发器在脉冲的产生和整形电路中应用很广。

四、实验内容

1. 555 单稳态触发器定时电路

（1）按图 3.41 连线，取 $R = 6.8$ kΩ，$C = 0.1$ μF，输入信号 u_i 由连续脉冲源提供，加 1 kHz 连续脉冲，用双踪示波器观测 u_i，u_C，u_D 波形。测定暂稳态的维持时间 t_w，将示波器上采集的波形画在坐标图上。

（2）将 R 改为 10 kΩ，C 改为 10 μF，输入端加 1 kHz 的连续脉冲，观测波形 u_i，u_C，u_o，测定暂稳态的维持时间 t_w，将示波器上采集的波形画在坐标图上。

2. 多谐振荡器

按图 3.42(a) 接线，$R_1 = R_2 = 4.7$ kΩ，$C = 0.1$ μF。

（1）用示波器观察振荡器输出 u_o 和电容电压 u_C 的波形,测量出输出脉冲的幅度 U_{om}、周期 T、测量 u_C 的最小值和最大值,将采集到的数据画在坐标图上。

（2）压控振荡电路:555 定时器的 5 管脚接一可调电压源 U(也可用分压器来提供),用示波器观察振荡器输出 u_o,分别测出控制电压 U_D 为 1.5 V、3 V、4.5 V 时的振荡频率。

3. 施密特触发器

按图 3.43(a) 接线,将可调节输入直流电压接至 5 引脚。用函数信号发生器产生 $V_{ipp}=5$ V、$f=1$ kHz 的三角波,连接至电路的触发输入端。用双踪示波器观察并画出输入和输出的波形,测绘电压传输特性,算出回差电压 ΔU,在 5 脚 CO 外加电压 1 V、2 V,观察双踪示波器输入和输出波形之间相位上的变化,并测绘电压传输特性,算出回差电压 ΔU。

五、实验预习要求

（1）复习 555 集成电路的基本内容和常见的应用电路。

（2）阅读实验指导书,理解实验原理,了解实验步骤。

六、实验报告要求

（1）总结单稳态电路、多谐振荡器及施密特触发器的功能和各自特点。

（2）回答思考题。

七、思考题

（1）多谐振荡器的振荡频率主要由哪些元件决定? 单稳态触发器输出脉冲宽度与什么有关?

（2）在实验中 555 定时器 5 脚所接的电容起什么作用?

（3）计算施密特电路回差电压的理论值 ΔU(V_{CC} 电压为 5 V)。

实验 9　计算机仿真

一、实验目的

（1）掌握仿真软件 OrCAD 的使用方法。

（2）熟悉使用 OrCAD 软件进行组合及时序数字电路的仿真分析。

（3）通过仿真,发现并解决设计过程中的问题。

二、预习要求

（1）了解 OrCAD 软件的使用方法。

（2）在计算机进行练习,熟悉 OrCAD 软件的主菜单、各种工具栏和仪表栏的使用方法。

三、实例解析

【例3.1】 与非门功能仿真验证。

仿真验证过程如下:

1. 新建文件

（1）点击并打开 OrCAD 软件,在软件界面中点击 File 菜单中的 New/Project 命令,屏幕上弹出 New Project 对话框。其中,在 Name 栏中输入文件名,在 Create a New Project Using 栏中选择 Analog or Mixed A/D 选项,在 Location 栏中选择文件的存储路径(注意文件名和存储路径应该用英文或数字来表示,不能出现中文)。填好各项后点击 OK 按钮。

（2）此时屏幕上弹出 Create Pspice project 对话框,选择其中的 Create a blank project 选项,点击 OK 按钮。此时出现绘制电路图的工作界面,在该界面上单击鼠标,则出现各种将要使用的工具栏。

2. 绘制电路图

① 放置元器件符号:执行"Place/Part"命令,或点击专用绘图工具中的 ⊂ 按钮,屏幕上弹出"Place Part"对话框。在 SOURCSTM 库中调用激励源 DigStim1,在 EVAL 库中调用与非门 7400。执行"Place/Ground"命令,或点击专用绘图工具中的 ᵍᴺᴰ 按钮,在 SOURCE 库中选取数字电路的高电平" $ D_HI"符号。按图示位置放置各元器件符号。

② 连接线路:执行"Place/Wire"命令,或点击专用绘图工具中的 ⌐ 按钮,光标由箭头变为十字形。将光标指向需要连线的一个端点,单击鼠标左键,移动光标,即可拉出一条线,到达另一端点时,接点出现一红色实心圆,再次单击鼠标左键,便可完成一段接线。

③ 设置节点别名:执行"Place/Net Alias"命令,或点击专用绘图工具中的 ᴺᴸ 按钮,屏幕弹出"Place Net Alias"对话框。在"Alias"文本框键入节点名,移动光标至目标节点处,点击鼠标左键,则该处显示新设置的节点别名。

绘好的电路图如图 3.44 所示。

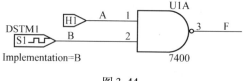

图 3.44

3. 电路元素的属性编辑

激励源 DigStim 的属性编辑:

（1）选中"DigStim1"符号,单击右键,在打开的命令菜单中点选"Edit PSpice Stimulus",出现激励源编辑框。

（2）在"Name"栏填入"B",在"Digital"栏选择"Clock"。

（3）单击 OK 按钮,出现时钟属性设置框。

（4）"Frequency(频率)"设置为"2k","Duty cycle(工作循环)"设置为"0.5","Initial value(初值)"设置为"0","Time delay(延迟时间)"设置为"0"。

（5）设置完毕，单击 OK 按钮。

4.确定分析类型及设置分析参数

（1）Simulation Setting（分析类型及参数设置对话框）的进入

① 执行菜单命令"PSpice/New Simulation Profile"，或点击工具按钮，屏幕上弹出"New Simulation（新的仿真项目）"设置对话框。

② 在"Name"文本框中键入该仿真项目的名字，点击 Create 按钮，即可进入"Simulation Settings（分析类型及参数）"设置对话框。

（2）仿真分析类型分析参数的设置

①"Analysis type"选择"Time Domain（Transient）"。

②"Option"选择"General Settings"。

③ 在"Run to"栏键入"2ms"，"Start saving data"栏键入"0"。

以上各项设置完毕，按 确定 按钮，即可完成仿真分析类型及分析参数的设置。

5.启动仿真并显示波形

（1）执行 Capture 窗口中的菜单命令"PSpice/Run"，或点击工具按钮，启动"PSpice A/D"视窗对电路进行模拟仿真。

（2）执行 Probe 窗口的菜单命令"Trace/Add Trace"，或点击工具按钮，在"Add Trace"对话框中点击 A、B、F，按 OK 按钮，显示随时间变化的输入及输出信号波形，仿真结果如图 3.45 所示。

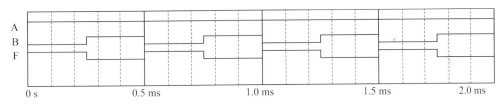

图 3.45　Probe 窗口的波形显示

【例 3.2】　计数器 CT74LS161 的管脚示意图如图 3.46 所示。如按图 3.47 所示的同步置数法电路接线，通过仿真结果可知该电路实现＿＿＿＿＿＿进制计数。

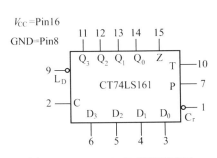

图 3.46　CT74LS161 管脚示意图

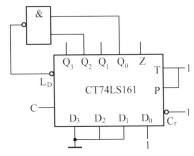

图 3.47　同步置数法

解题步骤：

1. 绘图

（1）执行"Place/Part"命令,或点击专用绘图工具中的⬭按钮。在EVAL库中调用计数器74161和与非门7400,在SOURCSTM库中调用激励源DigStim1。

（2）执行"Place/Ground"命令,或点击专用绘图工具中的按钮,在SOURCE库中选取数字电路的高电平"＄D＿HI"和低电平"＄D＿LO"符号。

（3）设置激励源:以鼠标左键选中DSTM1,单击鼠标右键,在打开的命令菜单中选中"Edit PSpice Stimulus",屏幕弹出激励源编辑对话框。在其中键入激励源名称"A",并选择数字时钟属性,点击OK按钮后,弹出时钟属性对话框,在其中设置频率为1 kHz,点击OK按钮后。激励源编辑视窗显示设置好的激励源波形,存盘后关闭该窗口。

（4）计数器输出端设置节点别名。

绘制好的仿真电路如图3.48所示。

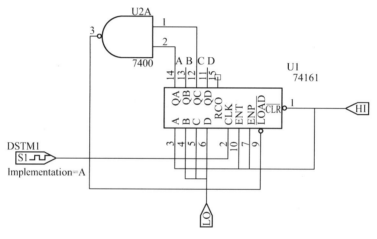

图 3.48

2. 确定分析类型及设置分析参数

"Simulation Settings"中的各项设置:

（1）"Analysis type"选择"Time Domain(Transient)";

（2）"Option"选择"General Settings";

（3）在"Run to"栏中键入选择"10ms","Start saving data"中键入"0"。

（4）点击对话框左上角的Options标签页。打开的对话框如图3.49所示。

（5）选择"Category/Gate － level Simulation/Initialize all",将该项设置为"0"。

设置完毕,点击确定按钮。

3. 进行电路仿真

（1）执行Capture窗口的菜单命令"PSpice/Run",或点击工具按钮▶,PSpice A/D软件对该电路图进行仿真模拟。

（2）执行PSpice A/D视窗的菜单命令"Trace/Add Trace",或点击工具按钮,打开"Add Trace"对话框,如图3.50所示。在该对话框中依次选中DCBA及{DCBA}后,按

$\boxed{\text{OK}}$ 按钮,屏幕显示计数器输出波形,如图 3.51 所示。根据仿真结果可知,图 3.48 所示电路可实现五进制计数功能。

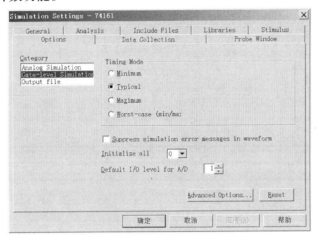

图 3.49

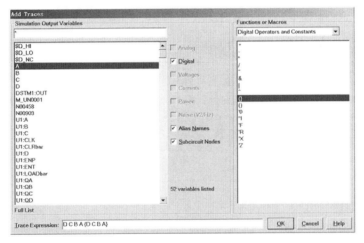

图 3.50

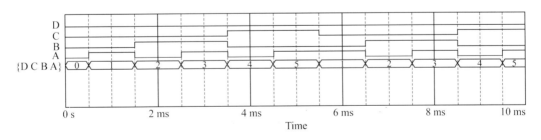

图 3.51

四、实验任务

1. 分析图 3.52 所示组合逻辑门电路的逻辑功能。

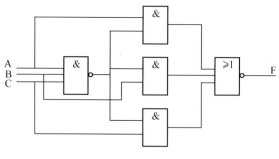

图 3.52

（1）画出输入 A、B、C 及输出 F 的仿真波形。

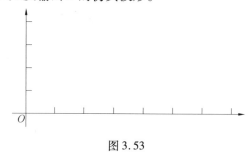

图 3.53

（2）根据仿真波形列真值表，并分析其逻辑功能。

提示：四 2 输入与门 7408、三 3 输入与非门 7410、三 3 输入或非门 7427 从 EVAL 库中提取。

2. 集成中规模同步计数器 CT74LS161 的应用

试用复位（异步清除）法实现 CT74LS161 十进制计数，参考电路如图 3.54 所示，在图 3.55 中绘制 $Q_3Q_2Q_1Q_0$ 的仿真波形。

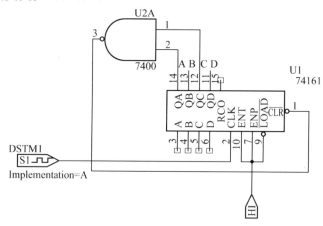

图 3.54

提示：（1）CT74LS161 从 EVAL 库中提取。

（2）各管脚功能：

1 管脚：异步清零端；

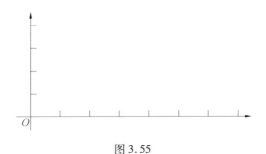

图 3.55

2 管脚:脉冲输入端(接激励源);

3、4、5、6 管脚:数据输入端;

7、10 管脚:计数使能端(同时为 1—— 记数;至少一个为 0—— 保持);

9 管脚:同步置数端;

11、12、13、14 管脚:输出端;

15 管脚:进位端。

(3) 运行 PSpice A/D 软件对电路进行模拟仿真之前将 CT74LS161 清零:在分析类型及参数设置"Simulation Settings"对话框中,选择"Options"标签页,点击"Category/Gate - level Simulation/Initialize all",将该项选择设置为"0"。

3.555 定时器构成的多谐振荡器(选做)

对图 3.56 所示的多谐振荡器进行仿真,观察并记录 A 点及电容 C_2 的波形。

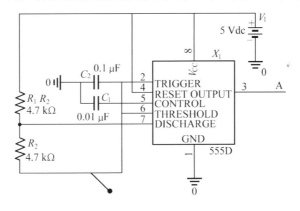

图 3.56

仿真波形画在图 3.57 中。

图 3.57

提示:(1)555定时器从 EVAL 库中提取,电容与电阻从 ANALOG 库中提取,双击器件改变参数。

(2)电路地的选取操作:选择 Place/Ground 命令,或点击专用绘图工具中的 按钮,在 SOURCE 库中选取"0"。

(3)观察电容 C_2 波形的方法为,在该节点添加电压探针(点击 图标)。

(4)仿真时间设置为 0 ~ 5 ms。

五、实验报告要求

(1)验证仿真与计算结果的一致性。

(2)总结使用 OrCAD 进行仿真的步骤。

第 4 章

电子电路综合设计

设计1　水温控制系统

一、设计条件

实验室为该设计提供的仪器设备和主要元器件如下：

(1)THM－6模拟实验箱。

(2)THD－4数字电子实验箱。

(3)"集成运算放大器应用"实验插板。

(4)直流稳压电源。

(5)双踪示波器。

μA741集成运算放大器、LM324集成运算放大器、AD590温度传感器,NPN晶体管9013、PNP晶体管9012、12 V直流继电器、电位器、发光二极管、电阻、电容、二极管、导线若干。

说明:模拟、数字电子技术实验箱上有不同阻值的电位器、有晶体管和芯片插座;"集成运算放大器应用实验"插板上有不同参数值的电阻和电容,可任意选用。

二、设计要求

(1)要求控制电路能够对室温22 ~ 60 ℃有非常敏感的反应。

(2)有温度设定功能,例如限制温度为40 ℃,对应4 V电压值。

(3)当温度超过设定温度值时,指示灯点亮,进行报警提示。

三、预习要求

(1)熟悉集成温度传感器AD590的内部结构,工作原理。

(2)熟悉集成运算放大器的管脚排列和功能。

四、设计内容

水温控制系统的基本组成框图如图4.1所示,该电路由温度传感器、K－℃变换器、温度设置、比较单元和执行单元组成。温度传感器的作用是把温度信号转换成电流或电压信号，K－℃变换器将绝对温度（K）变换成摄氏温度（℃）。信号经放大和刻度定标（0.1 V/℃）后送入比较器与预先设定的固定电压（对应控制温度点）进行比较，由比较器输出电平高低变化来控制执行机构（LED指示灯）工作，利用LED指示灯的亮灭，实现温度自动控制。

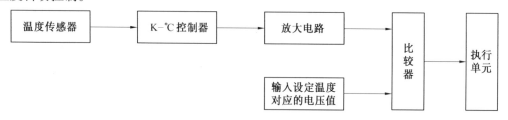

图4.1　水温控制系统框图

1. 电路原理图

水温控制系统电路原理图如图4.2所示。

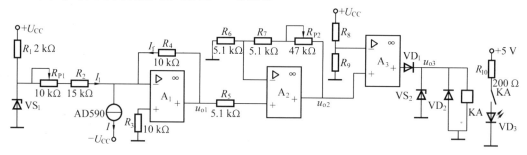

图4.2　水温控制系统电路原理图

2. 系统调试流程

（1）按原理图接线。

（2）不接入AD590时，测量u_{o1}为－2.73 V，通过调节电位器R_{P1}用以平衡掉273 μA电流，此时流过运算放大器A_1的电流方向与I_f方向相反。

（3）接入AD590，此时输出u_{o1}应与室温相对应，例如，24 ℃对应240 mV，流过运算放大器A_1的电流方向与I_f方向相同。

（4）调节电位器R_{P2}，使得运算放大器A_2的电压放大倍数为10倍。

（5）用手或热水杯触及AD590，观察继电器是否动作，发光二极管是否发光。

五、设计报告要求

（1）写明设计题目、设计任务及设计条件。

（2）画出电路原理图。

（3）写出设计说明与设计小结。

（4）列出设计参考资料。

设计 2   彩灯控制系统

一、设计条件

实验室为该设计提供的仪器设备和主要元器件如下：

（1）THM－6 模拟实验箱。

（2）THD－4 数字电子实验箱。

（3）"集成运算放大器应用"实验插板。

（4）直流稳压电源。

（5）双踪示波器。

74LS161、74LS194、74LS90、74LS192、74LS00、74LS20、74LS86、74LS08、74LS32、555 定时器、导线若干。

说明：模拟、数字电子技术实验箱上有共阴极数码管、时钟脉冲（1 Hz、1 kHz、单脉冲等）以及若干芯片插座供选用。

二、设计要求

本设计要求利用 74194 移位寄存器为核心器件，设计一个 8 路彩灯循环系统，要求彩灯显示以下花型：

（1）花型 Ⅰ：8 路彩灯由中间到两边对称地依次点亮，全亮后仍由中间向两边依次熄灭。

（2）花型 Ⅱ：8 路彩灯分成两半，从左自右顺次点亮，再顺次熄灭。

利用开关可以自动切换上述两种花型。

三、预习要求

（1）熟悉 74LS194 移位寄存器的管脚排列及功能。

（2）设计相应的电路图，标注元器件参数，并进行仿真验证。

四、设计原理

根据题目要求，可以利用 555 定时电路组成一个多谐振荡器，发出连续脉冲，作为移位寄存器或计数器的时钟脉冲源。为了实现灯流向的控制，可以选用移位寄存器或加减法计数器。控制电路用来实现花型切换或彩灯流向控制。彩灯控制系统的原理框图如图 4.3 所示。

五、设计报告要求

（1）写明设计题目、设计任务及设计条件。

（2）画出电路原理图。

（3）写出设计说明与设计小结。

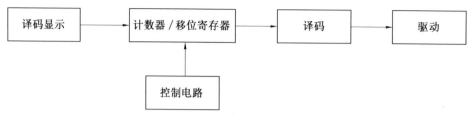

图 4.3　彩灯控制系统框图

（4）列出设计参考资料。

设计 3　智力竞赛抢答器

一、设计条件

实验室为该设计提供的仪器设备和主要元器件如下：

（1）THM－6 模拟实验箱。

（2）THD－4 数字电子实验箱。

（3）"集成运算放大器应用"实验插板。

（4）直流稳压电源。

（5）双踪示波器。

74LS160、74LS273、74LS175、74LS00、74LS20、74LS86、74LS08、74LS32、555 定时器、导线若干。

说明：模拟、数字电子技术实验箱上有共阴极数码管、时钟脉冲（1 Hz、1 kHz、单脉冲等）以及若干芯片插座供选用。

二、设计要求

（1）设计一个可同时供 4 名选手参加比赛的 4 路数字显示抢答电路。选手每人一个抢答按钮，按钮的编号与选手的编号相同。

（2）当主持人宣布抢答开始并同时按下清零按钮后，用数码显示出最先按抢答按钮的选手的编号，同时蜂鸣器发出间歇时间约为 0.5 s 的声响 2 s，当主持人按清零按钮后，数码显示零。

（3）抢答器对参赛选手抢答动作的先后应有较强的分辨力，即选手间动作前后相差几毫秒，抢答器也能分辨出最先动作的选手，并显示其编号。

三、预习要求

（1）熟悉 74LS175、74LS00、74LS20 等芯片管脚图和功能。

（2）设计相应的电路图，标注元器件参数，并进行仿真验证。

四、设计原理

抢答器需要有合适的设备分辨出最先发出抢答信号选手。为此，抢答电路应具有锁存功能,锁存最先抢答选手的编号,并用数码管显示出来,同时屏蔽其他选手的抢答信号,不显示其编号,直到主持人使用按钮将系统复位,使数码管显示为零为止,表明各选手可以开始新一轮抢答。实现此功能的一种参考电路框图如图4.4所示。

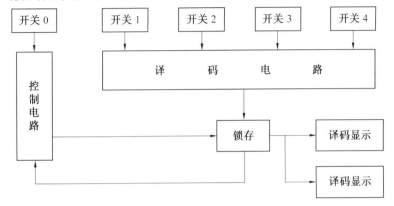

图4.4　抢答器电路原理框图

图4.4中,开关0为主持人用的按钮,开关1～4为选手的抢答开关,他们的开关号被编成对应的BCD码。当某位选手按动抢答开关后,其对应的数码送入锁存电路,再送至显示译码电路,显示出对应的选手号。为了只显示最先按抢答按钮的那个选手号,必须只锁存最先输入到锁存器的开关号,为此,在主持人按开关0后,锁存器处于进数状态。当有选手先按抢答开关,应能形成反馈信号,通过控制电路锁存该选手的编码,直至主持人再按开关0为止。

在锁存该选手的编码的同时,控制电路启动音响发生电路,形成间歇式音响。

五、设计报告要求

(1)写明设计题目、设计任务及设计条件。

(2)画出电路原理图。

(3)写出设计说明与设计小结。

(4)列出设计参考资料。

设计4　汽车尾灯控制电路

一、设计条件

实验室为该设计提供的仪器设备和主要元器件如下:

(1)THM－6模拟实验箱。

(2)THD－4数字电子实验箱。

(3)"集成运算放大器应用"实验插板。

(4)直流稳压电源。

(5)双踪示波器。

74LS161、74LS194、74LS00、74LS20、74LS86、74LS08、74LS32、导线若干。

说明:模拟、数字电子技术实验箱上有共阴极数码管、时钟脉冲(1 Hz、1 kHz、单脉冲等)以及若干芯片插座供选用。

二、设计要求

用 6 个指示灯模拟汽车的 6 个尾灯,左右各有 3 个,用两个开关分别控制左转弯和右转弯,如图 4.5 所示。

(1)汽车正常行驶时,左右两侧的指示灯全部处于熄灭状态;

(2)汽车右转弯行驶时,右侧 3 个指示灯按图 4.5 所示要求周期地循环顺序点亮,左侧的指示灯熄灭。

(3)汽车左转弯行驶时,左侧 3 个指示灯按图 4.5 所示要求周期地循环顺序点亮,右侧的指示灯熄灭。

(4)当司机不慎同时接通了左右转弯的两个开关时,则紧急闪烁灯亮,同时 6 个尾灯按一定频率同时亮灭闪烁。

(5)当急刹车开关接通时,则所有的 6 个尾灯全亮。

(6)当停车时,6 个尾灯全灭。

图 4.5　汽车尾灯状态变换情况

三、预习要求

(1)熟悉 74LS194、74LS161 等芯片管脚图和功能。

(2)设计相应的电路图,标注元器件参数,并进行仿真验证。

四、设计内容

1. 电路原理图

汽车尾灯控制电路原理图如图 4.6 所示。

2. 系统调试流程

(1)按原理图接线。

(2)调试 74LS161 组成的四进制计数器。

(3)调试 74LS194 组成的移位电路。

(4)整体电路的调试。

五、设计报告要求

(1)写明设计题目、设计任务及设计条件。

(2)画出电路原理图。

(3)写出设计说明与设计小结。

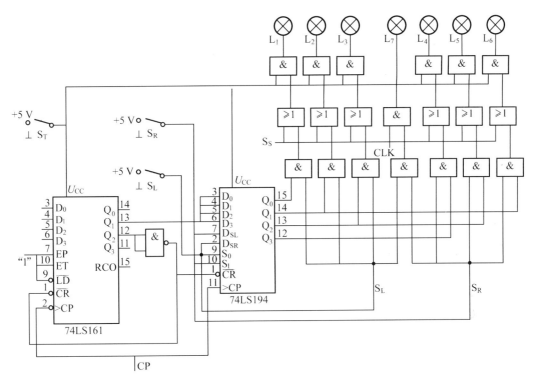

图 4.6　汽车尾灯控制电路原理图

（4）列出设计参考资料。

附 录

附录 A   OrCAD/PSpice15.7 仿真软件简介

A.1   OrCAD 软件

电路仿真是指在计算机上通过软件来模拟具体电路的实际工作过程。目前,常用的电路分析计算机软件工具包括 Allegro、Matlab、PSpice、Multisim 及 protol DXP 等。电路仿真实验中使用的是 OrCAD PSpice15.7 软件。OrCAD PSpice 15.7 是 OrCAD a Cadence product family 公司于 2006 年推出的 PSpice 最新版,其中包括 3 个主要部分:内置元器件信息系统的原理图输入器(Capture CIS);模拟和混合信号仿真(PSpice A/D) 和其高级分析(PSpice – AA);印刷电路板设计(Layout Plus)。

电路仿真实验主要应用 OrCAD Capture CIS 和 OrCAD PSpice A/D 程序进行电路仿真。PSpice A/D 提供了多种仿真功能,可以对电路进行瞬态分析、稳态分析、时域分析、频域分析、傅里叶分析、灵敏度分析、参数分析、模数混合分析、优化设计等,它可帮助你在制作真实电路之前先对它进行仿真,根据仿真运行结果修改和优化电路设计,并测试电路的各种性能参数。当用于实验教学时,PSpice 是一个虚拟的实验台,它几乎完全取代了电路实验中的元件、信号源、示波器和各种仪表,并且建立了良好的人机界面,以窗口和下拉菜单的方式进行人机交流,创建电路和选用元件均可以直接从屏幕图形中选取,操作直观快捷,在它上面,可以做各种电路实验和测试。

运用 OrCAD PSpice A/D 进行电路仿真和分析需四个步骤:

(1)绘制电路图:在 OrCAD Capture CIS 环境下,以人机交互方式将电路原理图输入计算机。

(2)设置电路特性分析类型和分析参数。

(3)运行 PSpice 分析程序:对 OrCAD Capture CIS 中输入的电路进行仿真运算。

(4)观测、分析仿真结果:把 PSpice 程序运行后得到的结果,以图文的形式显示出来。

以下将简要介绍电路仿真的基本过程。

A.2　绘制电路原理图

电路原理图的绘制是电路仿真分析的第一步。OrCAD PSpice 15.7 调用内置的元器件高级文档管理系统软件 OrCAD Capture CIS 生成电路图。绘制电路原理图包括如下四个步骤。

1. 进入 OrCAD Capture CIS 电路图编辑窗口

按 开始 按钮，选择"所有程序 /OrCAD 15.7 Demo"，点击"OrCAD Capture CIS Demo"，或在桌面双击 图标，即可进入 OrCAD Capture CIS 主界面，如附图 1 所示。

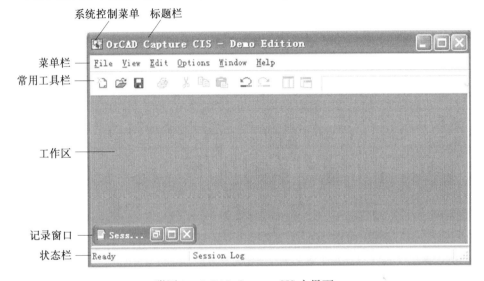

附图 1　OrCAD Capture CIS 主界面

打开菜单"File/New Project"，则出现"New Project"对话框，如附图 2 所示。

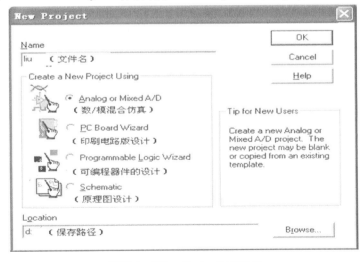

附图 2　"New Project"对话框

附图 2 对话框中,需在 Name 中键入所绘制电路图名称(例:liu),电路图名称可由英文字符串或数字组成,不能存在汉字;"Create a New Project Using"中有4个选项,实验中选择"Analog or Mixed – Signal Circuit",表示绘制电路图后直接进行电路仿真;"Location"项中应填入存储路径(例:d:)。点击"OK"按钮,出现绘图窗口选择对话框,如附图 3 所示。

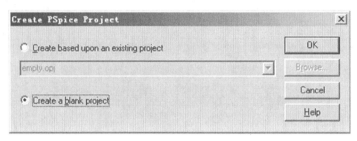

附图3　绘图窗口选择对话框

选择"Create a blank project",表示建立一个新的绘图窗口,点击"OK"按钮后,出现电路原理图输入界面,如附图 4 所示。

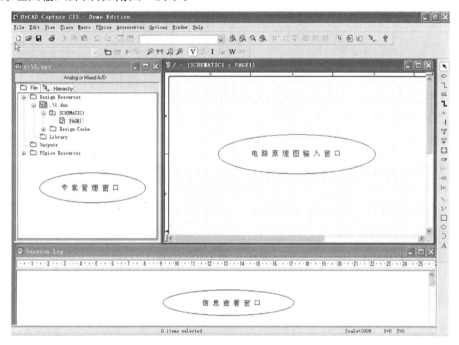

附图4　电路原理图输入界面

2. 放置电路元件

放置元器件可利用右侧边框的 Capture 专用绘图工具按钮。绘图工具按钮功能简表见附表1。

附表1　绘图工具按钮功能简介

序号	按钮	功　能	序号	按钮	功　能
1		选择	11		放置端口信号标识符
2		放置元器件	12		放置电路方块图引出端
3		放置连接线路导线	13		放置电路端口连接符
4	N1	放置节点标号	14		放置电路端点不连接符号
5		放置连接总线	15		绘制无电气属性的直线
6		放置接点	16		绘制无电气属性的折线
7		放置总线引入线	17		绘制无电气属性的矩形
8	PWR	放置电源	18		绘制无电气属性的椭圆
9	GND	放置地	19		绘制无电气属性的圆弧
10		放置电路方块图	20	A	添加文本文字

（1）添加元器件库

按放置元器件按钮 ，进入选取元件对话框，如附图5所示。

附图5　选取元件对话框

添加元件库可点击附图5的"Add Library"按钮，屏幕上显示附图6所示的文件打开对话框，其中列出了Capture提供的库文件清单，从中选取所需的库文件，按"打开"按钮，即将选中的库文件添加至库文件选择区中。

附图 6　库文件选取对话框

（2）放置元器件

在 Libraries 库文件选择区里选择元器件所在的库，然后在元器件选择区选取元件，按"OK"按钮，该元件即被调到绘制电路图界面中。用鼠标拖动元件，点击左键可将元件放在合适位置，这时继续移动光标，还可放在其他位置。

结束元器件放置，有如下方法可供选择：

① 按"ESC"键。

② 点击绘图工具按钮 。

③ 点击鼠标右键，出现放置元器件快捷菜单，如附图 7 所示，选择"End Mode"。

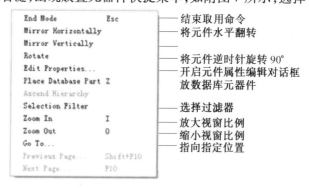

附图 7　放置元器件快捷菜单

在放置元件之前，还可用附图 7 所示的快捷菜单对元件进行旋转。如果想删除某个元件，用鼠标左键点击该元件，使其处于选中状态（此时元件颜色变为粉红色，并有一虚框），按"Delete"键可删除，也可点击鼠标右键选择"Cut"或"Delete"命令删除。

3. 连接线路与布图

放置好的元器件，需用导线将它们连接起来，并放置节点名和接地符号，最后组成一张满足实验要求的电路原理图。

（1）导线的连接

在 Capture 中,元器件的接脚上都有一个小方块,表示连接线路的地方,点击工具按钮 ⌐,光标将变成十字状。将光标指向所要连接电路的端点,按鼠标左键,再移动光标,即可拉出一条线,当到达所要连接电路的另一端时,再按鼠标左键,便可完成一段走线。

（2）设置节点名

点击工具按钮 N1,则屏幕出现"Place Net Alias(节点别名设置)"对话框,如附图 8 所示。在 Alias 栏中键入节点名(例如 N1),按"OK"按钮。设置完成后,光标箭头处附有一矩形框,光标移至节点后,点击鼠标左键,节点名即被放在电路节点处;光标移至下一节点,再点击鼠标左键,另一节点名(N2)又被放置在该点处。

附图 8 "Place Net Alias"对话框

（3）取放接地符号

调用 OrCAD PSpice15.7 进行电路仿真分析时,电路中必须有一个电位为零的接地点,否则被认为出错。选取接地符号可按绘图工具 GND,屏幕上出现"Place Ground"对话框如附图 9 所示,从 SOURCE 库中选取"0",按放置元器件的方法放入电路中即可。

4. 改变电路元器件的属性参数

从元件库中选取的元器件,各元件值均采用缺省值,例:电阻值均为 1 kΩ。同时每个元件按类别及顺序自动编号(如 R_1、R_2),实验中需按电路图的要求进行修改。元器件属性参数的修改,可双击待修改电路元件,在属性参数编辑器中进行。

若想只修改某一项参数,例如:只改电阻值,则双击该电阻值,屏幕出现单项参数编辑修改对话框,如附图 10 所示,将 Value 框中的值改为所要求的值。修改完成后,按"OK"按钮。

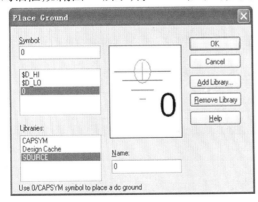

附图 9 Place Ground 对话框

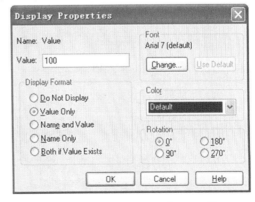

附图 10 单项参数编辑修改对话框

至此,完成了电路图绘制工作,将绘制好的电路图存盘。附图11是用OrCAD Capture CIS绘制的一张电路图。

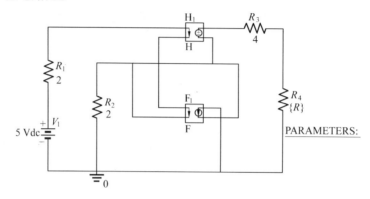

附图11　OrCAD Capture CIS 绘制的电路图

A.3　直流电路仿真分析

仿真电路图绘制完毕,需运用OrCAD PSpice A/D软件对其进行仿真分析计算。对于不同的电路,仿真分析计算要经过电路特性分析类型确定及参数设置、仿真计算和仿真结果分析三个阶段。

直流电路常采用的 PSpice 分析类型有直流工作点分析和直流扫描分析。

1.直流工作点分析(Bias Point)

直流工作点分析是计算电路的直流偏置量,包括计算各节点电压、支路电流和总功耗等。

(1)设置电路特性分析类型及参数

在 OrCAD Capture CIS 绘图窗口执行 PSpice 主命令,屏幕显示出 PSpice 菜单如附图12 所示,图中左侧的图标是 PSpice 各命令对应的工具按钮。

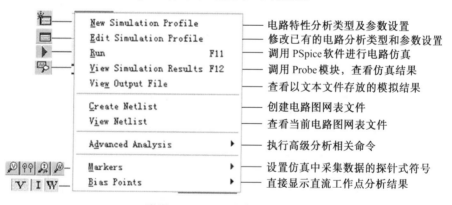

附图12　PSpice 主命令菜单

点击工具按钮，出现"New Simulation(创建新仿真文件)"对话框如附图13所示。

在"Name"处键入仿真文件名(如 dc),点击"Create",出现电路特性分析类型及参数设置对话框。在"Analysis type"栏中选择"Bias Point","Options"栏中选"General

Settings"（默认选项），在"Output File Options"栏中选"Include detailed bias point information for nonlinear controlled sources and semiconductors"，按"确定"，即完成直流工作点分析设置。

附图13　New Simulation 对话框

（2）电路仿真分析及分析结果的输出

设置分析参数后，按工具图标 ▶，运行 PSpice 仿真程序。若电路检查正确，则出现 PSpice 执行窗口，仿真结束后，PSpice 自动调用结果后处理模块 Probe 显示分析结果。对于直流工作点分析，当在 Capture 主命令菜单中分别点击工具图标 V、I、w 时，则电路各个节点电压、支路电流和各元器件上的直流功率损耗可在电路图上相应位置自动显示。

2. 直流特性扫描分析（DC Sweep）

直流特性扫描分析又称 DC 分析，它的作用是：当电路中某一参数（称为自变量或扫描变量）在一定范围内变化时，对自变量的每一个取值，计算电路的节点电压和支路电流（称为输出变量）。

（1）设置电路特性分析类型及参数

直流特性扫描分析参数设置框如附图 14 所示。在"Analysis Type"栏中选"DC Sweep"，"Options"框内选择"Primary Sweep"。"Sweep Variable"中可选做扫描变量的参数有 5 种，即 Voltage Source（独立电压源），Current Source（独立电流源），Global Parameter（通用参数），Model Parameter（模型参数），Temperature（温度），实验中应根据电路需要进行选择。

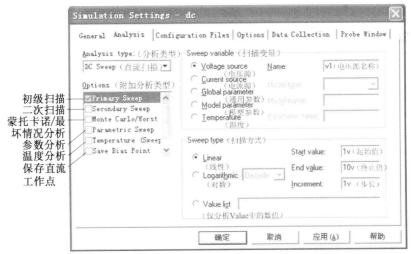

附图14　直流特性扫描分析参数设置框

当扫描变量确定后，"Name（扫描变量名）"项需键入与扫描变量一致的变量名称。附图 14 中表示以电压源 V1 作为扫描变量。Linear 表示扫描变量按线性方式均匀变化，DC 分析常用此方式，其右侧 Start、End 和 Increment 为扫描变量的起始值、终点值和变化步长。附

图 14 中键入的"1 V、10 V、1 V"表示电压源 V1 从 1 V ~ 10 V 作线性变化,步长为 1 V。

仿真分析参数设置正确后,按"确定"按钮。

(2)电路仿真分析及分析结果的输出

点击▶,运行仿真程序。如电路图绘制正确,仿真参数设置合理,会自动出现 Probe 结果后处理模块显示窗口,如附图 15 所示。Probe 窗口中包括波形显示窗口、仿真过程信息显示窗口和电路仿真参数设置窗口。

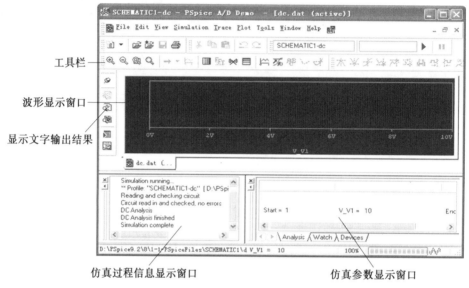

附图 15　直流特性扫描分析 Probe 窗口

直流特性扫描分析结果可用波形输出方式显示。按工具按钮，屏幕出现仿真结果"输出变量列表"对话框,如附图 16 所示。在对话框左边部分选取要显示波形的变量名,则被选中的变量名将出现在底部的"Trace Expression"框中,例如附图 16 选择的是 V(n1) 变量。按"OK"按钮,屏幕上即可显示所选变量 V(n1) 的波形。

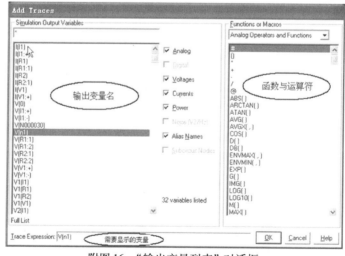

附图 16　"输出变量列表"对话框

删除全部波形可选菜单"Trace/Delete"，"Trace/Undelete"命令可以恢复删除的信号波形。若想只删除一个波形，需将该波形选中(左键点击变量名)，按键盘"Delete"键。

Probe还可以在PSpice分析之前就确定要显示的信号，即在绘制电路图时放置波形显示标示符Marker(又称探针)。仿真结束后，自动显示电路图中所有Marker符号所指节点和支路处的信号波形。

放置方法：使用快捷工具按钮，调出相应波形显示标示符，按绘制电路图中放置元器件的方法放置。实验中常用几种波形显示标示符的功能见附表2。

附表2　常用波形显示标示符的功能

快捷工具	名称	含义	放置位置
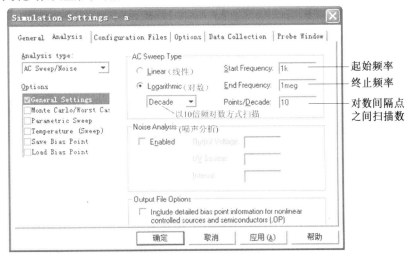	Voltage Level	显示节点电压波形曲线	电路节点、线路或元器件管脚
	Voltage Differential	显示两节点电位差波形曲线	电路节点、线路或元器件管脚
	Current Into Pin	显示支路电流波形曲线	元器件管脚
	Power Dissipation	显示元器件功耗波形曲线	元器件上

A.4　交流电路仿真分析

交流电路采用的PSpice分析类型是交流频率特性分析，又称AC分析。AC分析是一种频域分析方法，能够计算出电路的幅频响应和相频响应。AC分析所对应的信号源必须为独立交流电源VAC或IAC。

1. 设置电路特性分析类型及参数

AC分析参数设置框如附图17所示。

附图17　AC分析参数设置框

在分析类型"Analysis Type"栏中选择"AC Sweep/Noise"，附加分析类型"Options"

框中选"General Settings(默认选项)"。扫描类型"AC Sweep Type"下的"Linear"和"Logarithmic"用于确定扫描频率变化方式。线性方式"Linear"设置中"Start"(取值必须大于0)、"End"和"Points"为频率变化的起始值、终止值和扫描频率点的个数。对数方式"Logarithmic"中,其下方列表中"Octave"表示频率按二倍增量扫描,"Decade"表示频率按十倍增量扫描。实验中常用的方式为"Decade"。

"Points/Decade"用于确定每十倍频变化的取值点数。附图17的设置表示频率从1 kHz ~ 1 MHz变化,每10倍频计算10个点,即从1 kHz—10 kHz—100 kHz—1 MHz分3个区间,每个区间计算10个点。

2.电路仿真分析及分析结果的输出

AC分析的仿真运行方法与DC相同,AC分析完成后,输出变量的默认值是有效值。

A.5　动态电路的时域分析

PSpice可对动态电路进行瞬态特性分析(或称TRAN)。瞬态特性分析就是求电路的时域响应。瞬态特性分析的扫描变量是时间,与示波器相似,分析结果可以用Probe模块分析显示结果信号波形。

1.设置瞬态特性分析参数

TRAN分析参数设置框如附图18所示。在"Analysis type"栏中选择"Time Domain(Transient)",Options中选择"General Settings(默认选项)"。

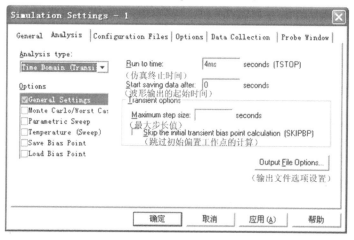

附图18　TRAN分析参数设置框

2.电路仿真分析及分析结果的输出

TRAN分析的仿真运行方法与DC、AC相同,其仿真分析结果常以波形输出方式显示。

3.电源参数设置

正如实际测试电路一样,瞬态分析需要在电路中设置电源。PSpice软件为瞬态分析提供了专用激励信号源,分析中输入端只能加这些电源。实验中常用的脉冲源的设置方法为:脉冲源有VPULSE和IPULSE两种,图形符号如附图19所示。电源选定后,可直接在绘图界面进行参数设置,也可双击电源符号,在属性编辑栏中设置。各参数意义见附表3。按附图20所示属性编辑器设置参数的VPULSE波形如附图21所示。

附图19　脉冲源图形

附表3　脉冲源的属性参数

参　数	含　义	单　位
I_1 或 V_1	起始值	A 或 V
I_2 或 V_2	脉冲值	A 或 V
PER	脉冲周期	s
PW	脉冲宽度	s
TD	延迟时间	s
TR	上升时间	s
TF	下降时间	s

PSpiceOnly	Reference	Value	AC	DC	Location X-	Location Y-	PER	PW	Source Part	TD	TF	TR	V1	V2
TRUE	V1	VPULSE			250	240	2m	1m	VPULSE.Nor	0.1m	0.2m	0.2m	0	4

附图20　VPULSE属性设置框

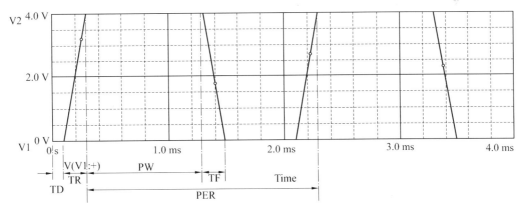

附图21　VPULSE波形

附录 B　常用电子元器件

B.1　电阻器

电阻器的种类很多,按照制作材料可分为碳膜电阻、金属电阻、线绕电阻等;按照电阻的特性可分为光敏电阻,压敏电阻,热敏电阻等;按照阻值是否可变可分为固定电阻与可变电阻,但不管是什么种类的电阻器在电路中的符号都是用 R 表示,单位为 Ω。

1. 电阻器的参数

电阻器的参数主要有标称功率、标称阻值、容许误差等级、最大工作电压、温度系数等。

（1）标称功率

电阻体通过电流后就要发热,温度太高就要烧毁。根据电阻器制造材料和使用环境,对电阻器的功率损耗要有一定的限制,即确保其安全工作的功率值,这就是电阻的标称功率。

电阻器的功率等级见附表4,厂家也经常生产非标准功率等级的电阻器。绕线电阻器一般也将功率等级印在电阻器上,其他电阻器一般不标注功率值。

附表 4　电阻器的功率等级

名称	标称功率/W					
实芯电阻器	0.25	0.5	1	2	5	
线绕电阻器	0.5	1	2	6	10	15
	25	35	50	75	100	150
薄膜电阻器	0.025	0.05	0.125	0.25	0.5	1
	2	5	10	25	50	100

（2）标称阻值

普通电阻器的标称值有 E6、E12、E24 三个系列,分别对应 ±20%、±10%、±5% 三个误差等级,分别有 6 个、12 个和 24 个标称值。确定电阻器的标称值的一般原则是,按照一定的误差等级从小阻值到大阻值分布。电阻器标称值参见附表5。

附表 5　E6/E12/E24 标称值系列

系列代号	容许误差	电阻器标称值										
E6	±20%	1.0	1.5	2.2	3.3	4.7	6.8					
E12	±10%	1.0	1.2	1.5	1.8	2.2	2.7	3.3	3.9	4.7	5.6	6.8	8.2
E24	±5%	1.0	1.1	1.2	1.3	1.5	1.6	1.8	2.0	2.2	2.4	2.7	3.0
		3.3	3.6	3.9	4.3	4.7	5.1	5.6	6.2	6.8	7.5	8.2	9.1

（3）最大工作电压

最大工作电压是指电阻器不发生击穿、放电等有害现象时,其两端所允许加的最大工作电压 U_m。由标称功率和标称阻值可计算出一个电阻器在达到满功率时,两端所允许加

的电压 U_p。实际应用时,电阻器两端所加的电压既不能超过 U_m,也不能超过 U_p。

（4）温度系数

温度的变化会引起电阻值的变化,温度系数是温度每变化 1 ℃ 产生的电阻值的变化量与标准温度下（一般为 25 ℃）的电阻值之比,单位为 1/℃。温度系数表达式为

$$\alpha = (1/R_{25})(\Delta R/\Delta T)$$

温度系数可正（PTC）、可负（NTC）,可能是线性的、也可能是非线性的。

2. 电阻器的标称值及精度色环标志法

色环标志法是用不同颜色的色环在电阻器表面标称阻值和允许偏差。

（1）两位有效数字的色环标志法

普通电阻器用四条色环表示标称阻值和允许偏差,其中第1与第2环代表电阻阻值的有效数字,第3环代表倍率,第4环代表容许误差,如附图22所示。色环颜色的规定见附表6。

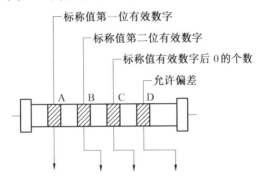

附图 22　两位有效数字的四环表示法

附表 6　两位有效数字色环标志法的色环颜色规定

颜色	第 1 位有效数	第 2 位有效数	倍率	允许偏差
黑	0	0	10^0	
棕	1	1	10^1	
红	2	2	10^2	
橙	3	3	10^3	
黄	4	4	10^4	
绿	5	5	10^5	
蓝	6	6	10^6	
紫	7	7	10^7	
灰	8	8	10^8	
白	9	9	10^9	+ 50% - 20%
金			10^{-1}	± 5%
银			10^{-2}	± 10%
无色				± 20%

（2）三位有效数字的色环标志法

精密电阻器用五条色环表示标称阻值和允许偏差，其中第 1 环、第 2 环与第 3 环代表电阻阻值的有效数字，第 4 环代表倍率，第 5 环代表容许误差，如附图 23 所示。色环颜色的规定见附表 7。

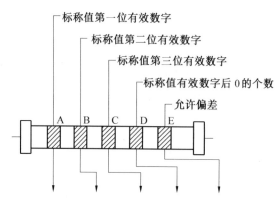

附图 23　三位有效数字的五环表示法

附表 7　三位有效数字色环标志法的色环颜色规定

颜色	第 1 位有效数	第 2 位有效数	第 3 位有效数	倍率	允许偏差
黑	0	0	0	10^0	
棕	1	1	1	10^1	±1%
红	2	2	2	10^2	±2%
橙	3	3	3	10^3	
黄	4	4	4	10^4	
绿	5	5	5	10^5	±0.5%
蓝	6	6	6	10^6	±0.25%
紫	7	7	7	10^7	±0.1%
灰	8	8	8	10^8	
白	9	9	9	10^9	
金				10^{-1}	
银				10^{-2}	

示例：

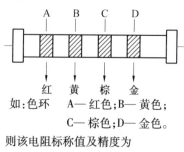

如：色环　A—红色；B—黄色；
C—棕色；D—金色。
则该电阻标称值及精度为
$24 \times 10^1 = 240\ \Omega$　精度：±5%

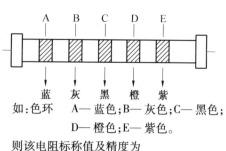

如：色环　A—蓝色；B—灰色；C—黑色；
D—橙色；E—紫色。
则该电阻标称值及精度为
$680 \times 10^3 = 680\ k\Omega$　精度：±0.1%

B.2　电容器

电容器由两个金属极板,中间夹有绝缘材料(介质)构成。电容器在电路中具有隔直流电,通过交流电的作用,因此常用于级间耦合、滤波、去耦、旁路及信号调谐等场合。

1.电容器的型号

电容器按结构有固定电容器、可变电容器和微调电容器之分。电容器的品种繁多,其型号由四部分组成。第一部分字母C代表电容器;第二部分代表介质材料,第三部分表示结构类型和特征;第四部分为序号,见附表8和附表9。

附表8　电容器的型号及意义

第一部分	第二部分介质材料		第三部分结构类型		第四部分
	符号	意义	符号	意义	
主称C	C	高频瓷	G	高功率	数字
	T	低频瓷	W	微调	
	I	玻璃釉	1		
	O	玻璃膜	2		
	Y	云母	3		
	Z	纸介质	4		
	J	金属化纸介质	5		
	B	聚苯乙烯等非极性有机薄膜	6		
	L	涤纶等有极性有机薄膜	7		
	Q	漆膜	8		
	H	纸膜复合介质	9		
	D	铝电解电容			
	A	钽电解电容			
	N	铌电解电容			
	G	金属电解电容			
	E	其他材料电解电容			

附表9　电容器型号第四部分数字的含义

类别 数字 名称	1	2	3	4	5	6	7	8	9
瓷介电容器	圆片	管形	叠片	独石	穿心	支柱管		高压	
云母电容器	非密封	非密封	密封	密封				高压	
有机电容器	非密封	非密封	密封	密封	穿心			高压	特殊
电解电容器	箔式	箔式	烧结粉液体	烧结粉固体		无极性			特殊

2. 电容器的主要特性指标

（1）电容器的耐压

每个电容器都有它的耐压值，耐压值是指长期工作时，电容器两端所能承受的最大安全工作直流电压。普通无极性电容器的标称耐压值有 63 V、100 V、160 V、250 V、500 V、630 V、1 000 V 等，有极性电容的耐压值相对无极性电容的耐压值要低，一般的标称耐压值有 1.6 V、4 V、6.3 V、10 V、16 V、35 V、50 V、63 V、80 V、100 V、220 V、400 V 等。

（2）电容器的漏电电阻

由于电容器两极之间的介质不是电导率为零的绝缘体，其阻值不可能无限大，通常在 1 000 MΩ 以上。电容器两极之间的电阻定义为电容器的漏电电阻。漏电电阻越小，电容器漏电越严重，漏电会引起能量的损耗，这种损耗不仅影响电容器的寿命，同时会影响电路的正常工作，因此电容器的漏电电阻越大越好。

（3）电容器的标称容量值

电容器标称容量值的表示方法有直接表示法、数码表示法与色码表示法。

① 直接表示法

这种表示法通常使用表示数量级的字母，如 μ、n、p 等加上数字组合而成的。例如，4n7 表示 4.7×10^{-9} F = 4 700 pF，47n 表示 47×10^{-9} F = 47 000 pF，6p8 表示 6.8 pF。另外，有时在数字前冠以 R，如 R33，表示 0.33 μF。有时用大于 1 的数字表示，单位为 pF，如 2 200，则为 2 200 pF；有时用小于 1 的数字表示，单位为 μF，如 0.22，则为 0.22 μF。

② 三位数码表示法

一般用三位数字来表示容量的大小，单位为 pF。前两位为有效数字，后一位表示倍率，数字是几就加几个零，但第三位数字是 9 时，则对有效数字乘以 0.1。如 104 表示是 100 000 pF，223 表示 22 000 pF，479 表示 4.7 pF。

③ 色码表示法

这种表示法与电阻器的色环表示法类似，颜色涂在电容器的一端或从顶端向另一侧排列。前两位为有效数字，第三位为倍率，单位为 pF。有时色环较宽，如红红橙，两个红色环涂成一个宽的，表示 22 000 pF。

电容器标称容量系列见附表 10。

附表 10　固定电容器的标称容量系列

名称	容许误差	容量范围	标称容量系列
瓷介电容器	±5%	100 pF ~ 1 μF	1.0,1.5,2.2,
金属化纸介电容器	±10%		3.3,4.7,6.8,
纸膜复合介质电容器		1 μF ~ 100 μF	1,2,4,6,8,10,
低频（有极性）有机薄膜介质电容器	±20%		15,20,30,50,60, 80,100
高频（无极性）有机薄膜介质电容器	±5%		E24
瓷介电容器	±10%		E12
玻璃釉电容器	±20%		E6

续附表 10

名称	容许误差	容量范围	标称容量系列
云母电容器	±20% 以上		E6
铝钽、铌电解电容器	±10% ±20% +50% −20% +100% −10%		1,1.5,2.2, 3.3,4.7,6.8 （容量单位为 μF）

附表 10 中标称电容量为表中的数值乘以 10^n，其中 n 为正整数或负整数。

B.3　二　极　管

二极管是一个 PN 结加上相应的电极引线及管壳封装而成的，二极管有两个电极，分为正负极，极性一般标示在二极管的外壳上，大多数由一个不同颜色的环来表示负极，有的直接标上"−"号。

1. 二极管的分类

二极管的类别很多，主要包括检波二极管、整流二极管、高频整流二极管、整流堆、整流桥、变容二极管、开关二极管、稳压二极管、阶跃二极管和隧道二极管等。高频小电流的二极管一般为点接触型的，大电流的为面接触型的，大电流的二极管在工作时还要加散热器。

2. 二极管的主要参数

二极管的参数很多，对于不同的二极管，其参数的侧重面也有所不同，现简述如下：

I_F —— 正向整流电流，也称正向直流电流。手册上一般给出的是正向额定整流电流，在电阻负载条件下，它是单向脉动电流的平均值。I_F 的大小随二极管的品种而异，且差别很大，小的十几毫安，大的几千安培。

I_R —— 反向电流，也称反向漏电流。反向电流是二极管加反向电压，但没有超过最大反向耐压时，流过二极管的电流。I_R 一般在微安级以下，大电流二极管一般也在毫安级以下。

U_{RM} —— 最大反向耐压，也称最大反向工作电压。二极管加反向电压，发生击穿时的电压称为击穿电压，最大反向耐压一般是击穿电压的 1/2 到 2/3。最大反向耐压一般在型号中用后缀字母表示（第五部分），也有用色环表示的。

I_{FSM} —— 浪涌电流，是指瞬间流过二极管的最大正向单次峰值电流，一般要比 I_F 大几十倍。手册上给出的浪涌电流一般为单次，即不重复正向浪涌电流，有时也给出若干次条件下的浪涌电流。

U_F —— 正向压降，是在规定的正向电流条件下，二极管的正向电压降，它反映了二极管正向导电时正向电阻的大小和损耗的大小。

t_{re} —— 反向恢复时间，是从二极管所加的正向电压变为反向电压的时刻开始，到二极管恢复反向阻断的时间(当反向电流降低到最大反向电流 10% 的时间)。

3. 实验中将用到的二极管的主要参数

(1)整流二极管 1N4007

整流二极管 1N4007 的负极侧用一银色色环标识,其主要参数为:额定整流电流 $I_F =$ 1 A,正向压降最大值为 1.1 V,反向电流为 5 μA,最大反向耐压为 1 000 V。

(2)开关二极管 1N4148

开关二极管 1N4148 的型号标识在外壳上,并用一黑色的色环标识负极,其主要参数为:最大正向电流为 200 mA,最大反向电压为 100 V,正向压降小于等于 1 V,反向恢复时间为 5 ns。

(3)稳压二极管 2DW234

该稳压管内部有两只稳压管,负极连在一起,为一个引脚,两个正极分别引出,共三个引脚。识别方法为:将器件的引脚朝向自己,在外封装上会看到一个小的突出部位,从它顺时针数起,1、2 引脚分别为它的两个阳(正)极,第三引脚为公共阴(负)极。其主要参数:稳定电压为 6.0 ~ 6.5 V,最大工作电流为 30 mA,动态电阻约 10 Ω。一般的稳压管,带有色环的一侧为负极。

参考文献

［1］廉玉欣.电子技术基础实验教程［M］.北京:机械工业出版社,2010.

［2］齐凤艳.电路实验教程［M］.北京:机械工业出版社,2010.

［3］王宇红.电工学实验教程［M］.北京:机械工业出版社,2010.

［4］孟涛.电工电子 EDA 实践教程［M］.北京:机械工业出版社,2010.

［5］余孟尝.数字电子技术基础简明教程［M］.北京:高等教育出版社,2006.

［6］韩明武.电工学实验［M］.北京:高等教育出版社,2003.

［7］殷瑞祥,樊利民.电工电子技术实践教程［M］.北京:机械工业出版社,2007.

［8］黄大刚.电路基础实验［M］.北京:清华大学出版社,2008.